Kein Stein
la théorie

Docteur Bruno Leclercq

Docteur Bruno P. H. Leclercq

Copyright © 2016 Bruno P. H. Leclercq

All rights reserved.

ISBN: 1539986373

ISBN-13: 978-1539986379

Docteur Bruno P. H. Leclercq

DEDICACE

Je dédie ce texte à ce qui pousse l'univers à chercher le pourquoi et le comment, c'est-à-dire au programme de l'évolution.
Je suppose que c'est ce même programme qui m'a poussé sans répit.
A moins que tout ne soit, finalement, qu'une suite aléatoire.

Docteur Bruno P. H. Leclercq

REMERCIEMENTS

Je remercie tous ceux et celles qui m'ont aidé et soutenu durant cette quête au but indéfini jusqu'à présent
Les uns l'ont fait en pratiquant des méditations en groupe pendant des heures et des mois, entre autres Peggy Pashayan, Elfie, Veron, Suzanne
D'autres par leur participation spirituelle : Anne, sans oublier Jacqueline dite Aviva ; Migaël ;
D'autres par leur dévotion et appui total en particulier Gilles Tremblay, une âme très spéciale
Et Thelma mon épouse fidèle
Il y a tant de noms et tant de choses à dire…

Préambule

Voici l'Histoire d'un Univers qui pourrait être le nôtre depuis avant sa création jusqu'à la fin de son évolution, la fin des Temps.

Cette histoire, nous ne l'avions pas projetée ;

elle a crû toute seule par l'analyse des faits exposés par la Science

suite à quelque impulsion interne persistante.

Docteur Bruno P. H. Leclercq

Création de l'Univers

La Science se moque de la Genèse, mais ne fait pas beaucoup mieux quant aux sujets essentiels : elle n'offre que postulats après postulats.

Tout commencerait par une explosion. L'Espace puis la matière seraient libérées d'un espace théorique, une singularité où ils auraient été accumulés.

L'Espace serait une substance, une sorte d'écume peut-être.

Les photons, la lumière, seraient apparus… d'où, ou créés comment ?

La matière serait apparue…mêmes questions… puis les morceaux de matière se seraient agglutinés par l'action de l'attraction universelle… on ignore comment ça marche, le dernier grand secret.

L'électricité aurait deux formes positive et négative, réagissant entre elles sans qu'on sache comment. Un autre secret, là aussi la science connait les effets, pas les causes.

Le magnétisme aurait deux aspects, deux pôles, Nord et Sud réagissant entre eux sans qu'on sache comment. Même commentaire.

Le temps intervient sur le cours de bien des évènements, Einstein en a assez bien défini la plupart des effets, mais sans indiquer le processus.

L'univers serait en expansion..

Il y a évolution ; le contenu de l'Univers change avec les temps et des formes de plus en plus complexes apparaissent pour arriver finalement à l'esprit humain, un ordinateur de chair, un Créateur.

L'évolution a-t-elle un but ? est-elle à sens unique ?

Somme toute l'ensemble n'est pas très différent de ce qu'en dit la Genèse dans son premier chapitre.

Mais il suffit d'éliminer deux postulats et tout s'éclaire.

- Premier postulat : l'Univers est infini et en expansion ;

- deuxième postulat : il existe des objets concrets qui se déplacent.

Les ayant biffés on peut expliquer la création, la formation du photon, celle du noyau de la matière, l'électricité, le magnétisme, la gravitation etc….

Docteur Bruno P. H. Leclercq

Table des Matières

Voici l'Histoire d'un Univers qui pourrait être le nôtre..................5

depuis avant sa création jusqu'à la fin de son évolution,..................5

la fin des Temps...................5

Cette histoire, nous ne l'avions pas projetée ; 5

elle a crû toute seule par l'analyse des faits exposés par la Science 5

suite à quelque impulsion interne persistante. 5

Introduction 11

1. La Matière 13

2. Cadre B 20

3. Atome : généralités 26

4. L'Univers 29

5. Revenons à l'atome 32

6. Le Photon : les quantums 37

7. La Machine à laver 44

8. Ga : tension variable, Ga=Mu, RET, Riens 50

9. L'atome 56

10. Gluons 58

11. Caractéristiques du granule 64

12.	Densité granulaire et fréquence	68
13.	Electricité, magnétisme	73
14.	Photon, réfraction, forme du photon	75
	Le cratère, le photon-onde, le prisme	78
15.	Le Prisme	79
16.	Modèle B	85
17.	Création : la Baffe !	87
18.	Ze Big Bang et la singularité	90
19.	Modèle B, théorie mécaniste	95
20.	Evolution	97
21.	Formation du photon	103
22.	Tourisme culturel, Eros	106
23.	Formation de matière	117
24.	Formation des objets	119
25.	Evolution de la matière universelle	134
26.	Première étape : le Monde Minéral	139
27.	Soleil et Noyau noir	144
28.	Diminution de tension = déplacement du spectre	147
29.	Désintégration et fin du monde …. Çiva	151
30.	Science fiction	155
31.	2ème phase : la Vie	158

32.	Evolution : 2ème étape – le monde de la Vie	161
33.	Evolution biologique	169
34.	Vertébré : animal bicérébral	175
35.	L'Homme le Créateur	181
36.	Un Patron ?	185
37.	Evolution sociale, progrès social	188
38.	Evolution : 3ème phase – le Monde virtuel	193
39.	Résonnance	199
40.	Fin du Monde	202
41.	Le Monde virtuel en Mu	209
42.	L'Esprit	215
43.	Notion de l'au-delà, de l'Autre Monde.	218
44.	Âmes	221
45.	Evolution notion de patron	223
46.	Patron : harmoniques	228
47.	Univers non cyclique	232
48.	Kein Stein	240
49.	Post Scriptum	243

Introduction

Après un peu plus d'un demi-siècle de méditation, étude, expérimentation et réflexion sur tout ce qui touche à notre monde, les descriptions que j'ai présentées par écrit et par oral ont abouti assez, d'une approximation à l'autre, pour décrire un monde comparable au nôtre.

Je n'irai pas plus loin.

Il est possible que le lecteur trouve dans mes textes des mots qu'il ne connait pas : qu'il les cherche dans l'internet, dans Google par exemple.

J'ai relu certains passages de 'Yoga des Sphères' (Ed. de l'Homme,1978) et autres textes que j'ai écrits, j'y ai découvert avec surprise à quel point mes approximations offraient déjà quelque chose de raisonnable et d'utilisable.

Comme j'ai un lien sans doute avec Cassandre, mes descriptions sont ignorées; ça n'est pas tragique, le monde est arrivé là où il est sans mon aide, et il continuera à son rythme.

Une partie de mon retard à poursuivre mes efforts des années 60 est ma vitesse de croisière qui est en général fort lente

Une autre partie de mon retard est dû à la nécessité où je me trouvais d'apporter du pain à la table familiale, pratiquement seul à le faire pendant une trentaine d'années.

Je ne sais pas ce qui m'a poussé à chercher et chercher encore, et je ne sais pas ce qui a poussé quelques amis à m'aider par les expériences auxquelles ils ont participé.

Nous devons aussi responsabiliser la science qui est assez peu ouverte aux communications avec les autres groupes de chercheurs : elle est aussi aveugle que les autres systèmes de croyance.

Et enfin, nous ne pouvons négliger les retards de la science qui n'avait pas encore découvert certains des faits qui appuient les théories utilisées dans l'élaboration de la charpente de notre modèle, le Modèle B.

Ce n'est que récemment que nous nous sommes risqués dans certains territoires laissés de côté, exprès, le terrain de Dieu par exemple, celui de l'évolution, sujets dont nous pensions qu'il valait mieux les laisser à leurs spécialistes. Finalement nous en sommes arrivés à dresser un cadre assez solide, équilibré

Ceci n'est pas une œuvre académique, c'est l'œuvre d'un artiste, d'un architecte. C'est aux ingénieurs et savants de le faire tenir debout éventuellement, ou de le raser dans un éclat de rire.

Selon notre expérience des savants de l'Académie, ils en riront sans même l'avoir lu.

Ce n'est peut-être que la description d'un autre univers possible, et pas du nôtre.

.

1. La Matière

Les particules de matière – les atomes et leurs constituants – peuvent être désintégrées et nous savons maintenant qu'elles sont faites d'éléments plus petits, instables.

Il y a moins d'un demi-siècle qu'on a accepté la notion de quarks, après quelques conflits entre les divers groupes de savants. Par la suite, ayant appris à mieux détruire l'atome, on a découvert bien d'autres constituants encore, et maintenant, à la limite, on parle de bosons. Ceci au moins dans l'une des familles de chercheurs, les autres dévouant leurs efforts à la notion de supercordes.

Ces derniers affirment qu'il n'y a pas de particules ponctuelles, mais plutôt des petites fibres qui se déplacent. De leur côté les électrons n'existeraient pas vraiment sous forme de points dans l'espace, mais seraient plutôt …

Autrement dit, personne ne sait exactement rien sur la matière.

Nous n'entrons pas dans ces détails ; nous admettons notre ignorance. Nous nous limitons au plus simple : que se passe-t-il quand on détruit un atome ?

La bombe atomique casse des atomes lourds ; il y a libération d'énergie – tout le voisinage est soufflé !- et libération de divers types de particules. Nous nous arrêtons à la libération de photons, de particules lumineuses.

Les photons sont des paquets d'énergie qui se déplacent dans l'espace à la vitesse de la lumière.

Il n'a pas été établi expérimentalement qu'à la limite de la destruction de matière tout ce qui reste c'est de l'agitation et des photons : si la destruction était vraiment totale – fin du Monde – il ne resterait rien à agiter dans l'univers, il n'y aurait donc plus que des photons.

Permettez-nous de simplifier un peu, ce texte n'est pas une analyse scientifique.

Il n'est pas tout à fait établi que tout puisse être détruit, c'est plus un postulat du Modèle B pour qui il est raisonnable car nous affirmons que tout est fait de quantums.

Quelque justification vous apparaitra à mesure de notre avance.

> I.<u>à la limite de la destruction de tous les types de particules, les seules particules qui restent sont des photons</u>.

La physique enseigne qu'au début de la création, juste après le BigBang – nous préférons l'appeler BB, nous dirons pourquoi – après le BB des photons se sont formés avant toute autre particule.

Les photons sont des particules très spéciales car ils n'ont pas de masse. Nous les étudierons de près.

Mais les photons ne sont pas apparus de rien, de l'énergie dynamique a pénétré dans notre pré-univers, de l'agitation pure. Nous disons pré-univers, voulant indiquer ainsi le lieu où notre univers sera formé.

Autant nous démarquer tout de suite de la théorie courante, celle de <u>l'expansion de l'univers</u> et de la notion <u>de singularité</u>.

Nous venons de dire que toutes les particules seraient détruites et que l'énergie qu'elles contiennent serait dans des photons. C'est peut-être vrai, mais il faut savoir que les supporters de la Science réfutent cette affirmation. Il n'est pas certain que les électrons, leptons, quarks, les particules élémentaires finissent vraiment par se décomposer mais le modèle B affirme que rien n'a été constitué avant les photons et qu'il faut donc que les particules aient été composées à partir de photons. Nous nous en tenons à notre opinion ; à la fin tout disparaitra.

Oublions les Trous Noirs pour le moment.

Cette agitation a secoué quelque chose et le résultat de l'agitation de ce quelque chose a été la formation d'une forme : le photon.

Nous avons dès à présent un fossé, une faille même, entre les croyances de la Science Académique et le modèle B, le modèle que nous exposons.

<u>Postulat de la Science</u> : le photon peut se déplacer dans le vide.

<u>Postulat du Modèle B</u> : la présence de photons en un lieu indique que ce lieu n'est pas vide.

Donnons une image : le son, une forme d'énergie dynamique, ne se déplace pas dans le vide, de même, notre postulat, l'énergie dynamique de l'univers ne se déplace pas sans support.

La Science vous dira que nous ne savons pas de quoi nous parlons: dans le cas du son il s'agit de particules de matière déplacées par une vibration, dans le cas du photon – rien de tel !

Et nous de la B-cadémie disons que la Science ne sait pas de quoi elle parle : nous basons tout sur un jeu de postulats tout à fait distinct.

L'un des postulats majeurs du **modèle B** c'est qu'il existe un **<u>Vide Absolu</u>**, vide que rien ne peut traverser, ni photons, ni champs.

La Science au contraire affirme qu'il existe des liens immatériels entre les objets : ce sont les champs électriques, magnétiques, gravitationnels et autres. Selon les <u>postulats</u> de la Science, ces champs se propagent dans l'Espace, les photons aussi d'ailleurs.

Il convient d'ouvrir une petite parenthèse pour distinguer <u>vide</u> et <u>espace</u> dans le modèle quantique.

Pour cette vision du monde, l'Espace est plus une sorte de tissu qu'un vide. Ce qui permet de ne pas être trop choqué en lisant qu'au début du BigBang l'Espace a commencé à s'étendre, et qu'il continue à s'étendre. S'étendre où ?

Il faut donc parler d'un 'vide' où l'Espace pourrait s'étendre. La Science ne parle pas de ce vide. Dans l'univers à la quantique, l'Espace serait une sorte de matériel.

Il y a une cinquantaine d'années on a créé le concept de 'Mousse quantique'. L'Espace serait, pour ces chercheurs, une substance discontinue, une sorte de mousse.

Ce concept est fort proche de notre description de l'univers ce qui nous permet d'espérer que notre modèle sera intégré dans un avenir pas trop lointain.

Il faudra indiquer tous les postulats qui séparent les deux façons de décrire le monde, l'opinion de la Science Académique et le montage rêvé du modèle B, de la B-cadémie.

La Science ne postule même pas qu'il y avait quelque chose avant le début de l'agitation. Logique et bon sens ne concordent pas toujours ! les deux voies créent leurs erreurs et leurs sottises.

Un autre postulat majeur de notre modèle c'est qu'il n'y a aucun objet qui se déplace, les photons ne seraient que des ondes en mouvement générant deux types de changements dans le contenu l'espace ; contenu que nous venons d'appeler pré-univers.

Nous creusons ça, vous verrez.

Le Modèle B affirme que le photon atteste la présence d'une substance universelle. Le photon serait une agitation de cette substance ; le lien est simple, tout le monde peut suivre.

Pour B, si des photons sont apparus c'est d'une part

- que de l'énergie a été manifestée sous son aspect dynamique, et d'autre part
- qu'il y avait en cet endroit quelque chose qui lui permettait d'être présente et de se manifester, quelque chose d'agitable.

Si nous tendons une corde entre deux murs et que nous la frappions près de l'un des murs, on voit une vague se déplacer le long de la corde, vague qui finira par arriver à l'autre mur. Ce que nous voyons c'est une vague mais tous les points de la corde à la fin sont retournés à leur position première. En se déplaçant l'onde agite l'air autour de la corde, exactement comme le ferait une particule solide, une balle par exemple. L'onde se comporte donc bien comme une particule, mais il n'y a pas de particule ; rien d'autre que le déplacement d'une quantité d'énergie.

Pour l'Académie le photon est le déplacement d'une particule ;

Pour la B-cadémie d'où vient le Modèle B, le photon est le mouvement d'énergie le long de quelque support 'concret' ; support dont les éléments restent en place. Le photon n'est pas une particule dans le sens donné à ce mot par l'Académie.

La description de la B-cadémie force à expliquer pourquoi cette vague d'énergie ne perd pas son intégrité.

Quand on jette une pierre dans la mare, la vague causée par le caillou se déplace dans toutes les directions perdant immédiatement de son intensité. Pourquoi le photon ne se disperse-t-il pas s'il n'est pas une particule ? un morceau de quelque chose ?

En d'autres termes la vie de l'Académicien est bien plus simple que celle du B-cadémicien.

C'est ce qu'il parait, mais en fait la vie n'est pas si simple que ça pour l'Académicien. Etant une particule comme l'a démontré brillamment Einstein, il lui reste à expliquer comment il en vient à se comporter aussi comme une onde.

Dans ce texte nous disons Einstein pour nommer l'ensemble des chercheurs de cette époque, d'il y a un siècle, période où la connaissance a été bouleversée : Einstein y a participé mais il n'était pas le seul ; nous utilisons son nom parce que c'est le plus connu.

L'Académie a une technique simple pour éloigner les problèmes importants : elle se contente de dire 'c'est comme ça !'

En d'autres termes elle remplit ses manuels de postulats qu'elle ne mentionne même pas, qu'elle ne questionne absolument pas et n'appelle pas par leur nom 'postulat', épithète qui est un aveu d'ignorance.

Nous en trouverons au passage, certains dans la description de l'Académie, d'autres dans la nôtre.

Nous les soulignerons au passage, nous écrirons 'c'est comme ça !' ou (C=çà !) :

Cette différence est essentielle, les explications de la Science sont réservées à une élite, rien pour le peuple, rien qui donne une représentation simple, claire, concrète, rien qui montre comment les divers éléments correspondent et communiquent entre eux.

Si l'Espace est une sorte de substance et si le photon est une particule, comment se fait-il qu'il ne perde pas d'énergie ou de vitesse par friction ? en fait, en s'approchant de masses il est ralenti puis reprend de la vitesse en s'éloignant.

Bien ! il nous faut introduire nos propres postulats.

Quelques croyances de base:

1. l'univers est fait à partir d'un nombre limité d'éléments simples. Un peu comme l'alphabet génétique. toutes les formes de vie dérivent de rien que quatre molécules (un peu plus).
2. Rien ne vient de rien.

En route !

Donc, le fait qu'il y a eu apparition de photons nous indique qu'il y avait un support attendant cette énergie, et d'autre part qu'il y est apparu de l'énergie.

Mais cette énergie, nécessairement, devait être ailleurs avant cette manifestation, sous sa forme dynamique ou sous quelque autre ; ailleurs, pas dans le pré-univers.

Que nous le voulions ou non, il nous faut dès maintenant introduire le cadre du modèle B, la charpente pourrait-on dire présentée par la B-cadémie.

Nous disons B-cadémie pour indiquer que ce n'est pas la 'Académie', et par suite le nom 'modèle B'.

2.   Cadre B

Selon la Science, le monde débuta par une explosion, le Big Bang : Immédiatement après l'espace se remplit de photons.

Qu'y avait-il avant ? qui sait ? l'opinion la plus commune c'est qu'avant tout il y avait une 'singularité' qui contenait, comprimés, l'Espace et l'Energie... ignorons cette description que nous ne parvenons pas à concevoir, elle n'a aucun rapport avec notre Modèle B, notre description d'un univers possible.

Comme l'ont fait la plupart des religions antiques, celles qui ont décrit l'univers, nous décrivons un pré-univers avons-nous dit, un milieu existant avant la création.

Cet espace vide que nous venons de citer nous l'appellerons **Espace Absolu**. Pour éviter la confusion avec la notion quantique de l'Espace nous devrions peut-être dire **Néant** ou **Nihilistan**.

Dans cet espace se trouve quelque chose, une sorte de goutte de gélatine élastique que nous appelons **Ga**.

La goutte elle-même nous l'appelons **Oom**. C'est l'Œuf Cosmique de certaines traditions occultes.

Donc, dans un passé illimité et inconnaissable, Oom est là, entouré de vide, immobile ou pas, qui le sait ? qui pourrait le savoir ? Pour qu'une observation ait lieu il faut qu'il y ait un lien concret entre l'observateur et l'observé. C'est un postulat du modèle B.

La Science se satisfait de champs, d'influences vagues.

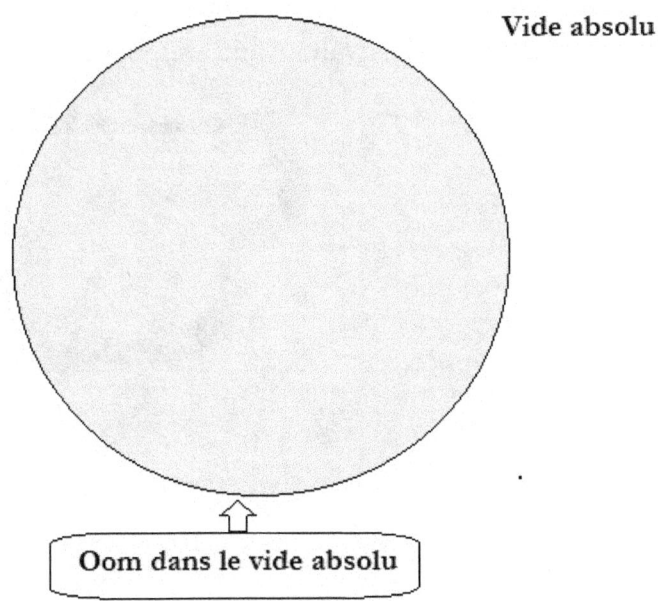

L'Espace Absolu n'est donc pas absolument vide, mais le Ga n'en occupe qu'une petite partie.

Ga serait un corps inerte, généralement décrit comme liquide : ce serait une goutte immobile. Selon la Genèse, ce lieu, Eretz, ne contient aucun objet et rien ne s'y passe – Tohu Bohu.

Nous mentionnons la Genèse, mais il faut savoir que la plupart des traditions antiques, de l'Asie à l'Afrique occidentale subsahélienne, tous ces 'observateurs' ont décrit sensiblement les mêmes choses.

Le Chaos des Grecs est assez pareil.

Et la création commence, de l'énergie dynamique se manifeste dans l'Oom, agite le Ga.

Nous venons de dire que l'énergie devait avoir un support en tout temps, et donc, comme elle se manifeste dans l'Oom à l'instant (0 + ε) c'est que jusque-là elle avait un autre support.

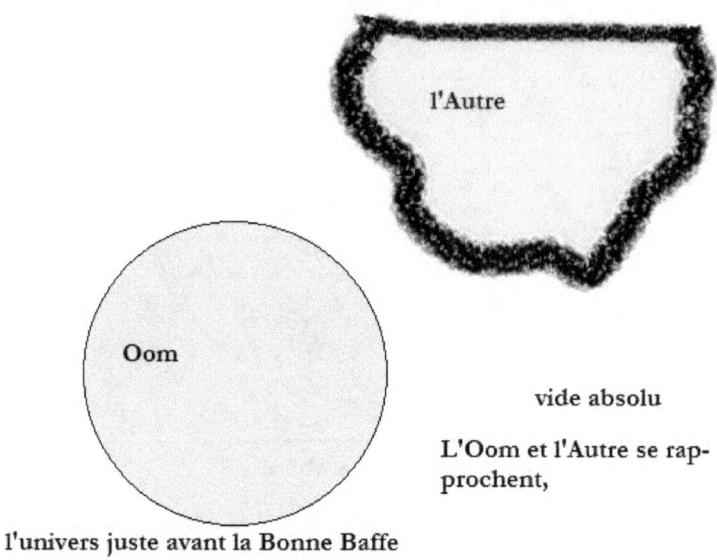

l'univers juste avant la Bonne Baffe

L'Oom et l'Autre se rapprochent,

Le transfert ne peut être fait que par contact affirment notre modèle et le bon sens, nous postulons donc qu'il y avait un <u>autre</u> <u>'corps'</u> dans l'Espace Absolu, et que cet autre corps est entré en contact avec Oom.

Nous affirmons qu'il faut qu'il y ait eu **'contact'** parce que dans le modèle que nous présentons, au contraire de ce que clame la science académique, il n'y a pas de 'champs' sans support.

Nous verrons comment expliquer les phénomènes Gravité, Electricité de façon concrète, sans introduire la croyance en 'champs' ou la foi en quelque magie ou intervention divine.

Il y a eu contact ce qui signifie que la position relative de ces deux corps était changeante ; il y avait mouvement. Mouvement signifie énergie cinétique, autre forme de l'énergie dynamique :

Notons l'existence d'un autre facteur : le Temps. Ce temps est un temps absolu, indépendant des évènements : nous verrons plus tard que dans l'univers créé, le 'temps' est variable ; il dépend du lieu et de la date... ce qui n'est pas le **Temps Absolu**.

Le Temps que nous mentionnons ici est le temps absolu, la référence absolue que la Science ne mentionne pas et qu'elle n'a pas encore estimée. Ce temps absolu est ce qui relie les notions 'avant BB', 'BB' et 'après BB'. Il est absolument libre des évènements de l'Univers, en Oom.

Les évènements de l'Univers, par contre, dépendent de l'écoulement du Temps.

Nous pouvons nous prouver l'équivalence qui existe entre énergie cinétique et énergie dynamique.

Nous pouvons nous en faire la démonstration facilement ; enfonçons un gros clou dans une planche à grands coups de marteau. Nous sentons que le clou est chauffé par l'énergie cinétique du marteau - ne pas attendre qu'il soit complètement enfoncé, bien entendu.

On va nous objecter que la chaleur vient de la friction du clou contre le bois ; ce qui est partiellement vrai et pour nous défendre nous suggérerons qu'on martèle un clou sans le faire rentrer dans quoi que ce soit : il se réchauffera !

C'est l'énergie cinétique du marteau qui s'est transformée en énergie dynamique sous sa forme 'libre', forme sous laquelle elle participe à la création et est manifestée dans l'Oom.

La chaleur ne vient pas du marteau, ce que fait l'outil c'est écraser un peu le clou, et le clou réagit en reprenant sa forme : le déplacement des molécules du clou dans les deux sens ; c'est ça qui crée la chaleur, elle provient de l'agitation des atomes, de leurs électrons et du fait que cette agitation leur fait émettre des ondes de chaleur, des photons, principalement des infrarouges.

Le déplacement des atomes et de leurs électrons cause l'émission, la formation de photons.

C'est un peu technique mais ça nous aidera à comprendre que la chaleur qui apparait dans l'Oom est causée par le choc qui écrase l'Oom un instant, et que ces photons sont générés par le contenu de l'Oom.

Ce qui entre en contact avec l'Oom n'est pas un bidon d'essence : il ne verse pas de photons dans l'Oom.

Le contenu de l'Oom, nous l'appelons Ga. Ga est élastique (*postulat*) ; nous verrons tout ça progressivement en détails.

Donc, il y a création de photons ! nous vérifierons.

Mais ici, suite au BB, ce ne sont pas des constituants d'atomes qui génèrent ces photons : il n'y a pas d'atomes en Oom ; en Oom il n'y a que Ga et Ga nous l'avons vu :

      Tohu Bohu, pas d'objets pas d'agitation.

La source des photons c'est ce qui est agité par l'apport d'énergie par le choc.

Autrement dit, c'est en agitant le Ga que se forment les photons.

Il va falloir creuser ça. Notre modèle ne nous permet pas d'être aussi cavaliers que les Savants.

Pour les physiciens, il suffit de dire : des photons sont là, et la messe est dite. Le Modèle B doit aller un peu plus avant, même s'il ne prétend pas vraiment que ses solutions soient exactes et complètes.

Dans le cas du coup de marteau, l'écrasement des atomes change pour un instant la forme de ces atomes : on peut supposer que les trajectoires des électrons sont déplacées ; elles reviennent immédiatement à leurs positions et formes originelles : elles sautent.

Nous supposons que le lecteur a des connaissances élémentaires, mais nous allons faire comme si il n'en avait aucune.

La matière est composée d'atomes ; les atomes sont constitués d'un noyau à charge électrique positive. Le noyau est composé d'au moins un proton.

Le noyau de l'atome le plus simple, l'hydrogène, est un proton, mais dans les autres atomes le noyau est composé de plusieurs protons et de neutrons. Le proton a une masse de 1 et une charge électrique de +1.

Autre particule élémentaire, le Neutron a une masse de 1 et aucune charge électrique. Les diverses sortes d'atomes contiennent chacune un nombre spécifique de protons et de neutrons ; c'est le nombre de protons qui différencie le fer de l'oxygène par exemple.

3. Atome : généralités.

L'atome est constitué d'un noyau autour duquel gravitent des électrons.

Le noyau a une charge électrique positive et dans la plupart des situations il y a autant d'électrons à charge négative gravitant autour de lui qu'il présente de charges positives. Nous nous en tiendrons au niveau du modèle de Bohr.

Inutile pour nous d'aller plus loin dans la description des trajectoires des électrons et dans l'expression de ces charges électriques.

Le noyau le plus simple est le noyau d'hydrogène. Il contient un proton de masse 1 et a une charge électrique de +1. Sa charge électrique est apportée par un positron de masse très légère comme l'électron. C'est lui qui donne au proton sa charge électrique. Dans certaines situations, sous l'action de l'une des forces nucléaires, le positron se détache et le proton devient neutron.

Il existe aussi des atomes ayant un proton et un neutron. Ils sont donc de masse 2 et de charge +1. Ce sont des deutériums, les noyaux qui forment l'Eau Lourde dont on parle dans la bombe atomique. Il arrive aussi que parfois il y ait deux neutrons, la masse est alors de 3, c'est le tritium, un autre corps à charge +1. Ces deux derniers corps sont appelés isotopes. Ils sont plus instables que l'hydrogène, plus susceptibles de se désintégrer, de perdre leurs neutrons. Ils apparaissent très brièvement dans l'explosion de la bombe à Fusion, bombe H.

C'est le nombre de neutrons qui différencie les divers isotopes ;

information sans intérêt dans ce texte.

Nous espérions éviter la physique presque totalement, mais pour plus de clarté nous sommes obligés de plonger nettement plus profond.

L'atome suivant a un numéro atomique 2 ; c'est l'Hélium, masse 2 et charge électrique +2. Le monde physique, la Nature trouve que ça n'est pas assez stable à son goût, trop d'électricité pour une surface réduite… conflits.

Mais en acceptant dans le noyau deux neutrons de plus, se forme un atome beaucoup plus stable, la surface est beaucoup plus grande et par suite les deux positrons ne se chamaillent plus tant. On a alors l'isotope 4 He, hélium 4, l'atome le plus répandu dans l'univers parce que le plus stable.

Là nous pouvons nous arrêter, et souffler un peu.

Etant donné que le noyau d'4He a une masse quatre fois plus élevée que celui de l'hydrogène, on pourrait s'attendre à ce que les protons et les neutrons y soient un peu plus petits, écrasés par le poids les uns des autres : ce n'est pas le cas.

Passant à des atomes beaucoup plus lourds – l'Uranium par exemple – là enfin, du solide ! les protons et neutrons devraient être plus écrasés : ils ne le sont pas. Protons et neutrons ont la même taille quel que soit leur nombre dans le noyau. Ce qui signifie que la masse des atomes n'a aucun effet sur la taille de leurs composants. Bizarre.

Autres questions : pourquoi les neutrons et les protons s'agglutinent-ils ? pourquoi restent-ils collés ? pourquoi l'attraction de la pesanteur ne les sépare-t-elle pas ? pourquoi les charges électriques positives des protons ne les éloignent-elles pas ?

La physique a découvert qu'il y a une force, en fait deux forces, les forces nucléaires. L'une d'elle colle fortement les protons et les neutrons. C'est la plus grande force de l'univers ; c'est la force S.

Et, à notre avis, le problème reste: si cette force tend à les pousser fortement les uns contre les autres, pourquoi ces nucléons – protons et neutrons – ont-ils la même taille dans tous les noyaux ? pourquoi pas plus écrasés quand la masse est plus élevée ?

La physique qui sait tout expliquer indique que la force qui les rapproche, S, ne fonctionne que tant qu'ils sont à une certaine distance les uns des autres, ensuite elle freine le rapprochement et le bloque. Comment ? pourquoi ? pas de réponse. C=ça ! (*lire « c'est comme ça ! »*)

Nous allons utiliser le c=ça ! dans le texte entier pour indiquer ou admettre que l'affirmation voisine est un postulat, quelque chose de certain et qu'on n'a même pas à démontrer ; en fait quelque chose dont on ne sait rien.

La Science en fournit de grandes quantités. Nous allons voir que le Modèle B en élimine un grand nombre, mais en introduit d'autres.

Nous devons absolument nous lancer dans l'étude de l'espace selon le modèle B.

4. L'Univers

Nous décrivons notre **Univers** comme l'ensemble des **évènements** qui nous entourent et dont nous sommes. Par **évènements** nous entendons objets, changements de position ou d'état, matériels, et peut-être immatériels. Nous creuserons tout ça plus tard. La succession des évènements c'est l'**Histoire**.

Pour le modèle B, nous avons vu que notre Univers serait localisé dans l'**Oom**, un volume clos sans le moindre contact avec quoi que ce soit.

L'Oom contient **Ga**, un milieu continu composé d'une part d'un liquide, **Mu**, et d'une infinité de petites masses que nous appelons **granules**. L'ensemble de ces granules forme le **RET**.

Nous pouvons dire que Ga est la mousse quantique, concepts passablement distincts, imaginés indépendamment comme le montrera la suite.

RET c'est Réseau Espace-Temps. Ce n'est pas un réseau continu, les granules ne sont pas en contact direct les uns avec les autres. Une partie de l'énergie dynamique circule dans le RET sous forme de photons. Les **photons** sont des **phénomènes électromagnétiques** se déplaçant à la **vitesse de la lumière**. Ce sont des particules, mais en fait ce ne sont que des paquets d'énergie.

Il faut dès à présent insister sur le fait que l'énergie qui est entrée dans l'Oom au moment BB était uniforme ; c'était l'aboutissement d'un mouvement, une quantité d'énergie continue, unique. Dans la génération de photons par le coup de marteau, le marteau n'apporte pas des photons tout faits ; les photons résultant du choc sont formés sur place.

L'énergie est informe, et elle peut exister sous divers aspects. Nous reviendrons sur ce point, mais pour ne prendre que deux exemples, elle existe sous forme de photons et elle existe aussi sous forme d'agitation de la matière. Sous forme de photon l'énergie existe en quantités fixes, en **quantums**.

Même quand elle cause de l'agitation de la matière elle existe en quantums, mais ces quantums ne sont pas des photons ; ils n'ont pas d'effet électromagnétique.

Comme le quantum a au moins deux expressions, pour améliorer la communication nous l'appellerons

- **photon** lorsque c'en est un ; et nous l'appellerons
- **presson** lorsqu'il agit en force mécanique.

Les supporteurs de la théorie quantique protesteront que nous utilisons leur concept de quantum d'une façon distincte de la leur. C'est vrai, mais la suite du texte appuiera notre description. La différence vient de ce que leur foi introduit des notions de 'champs', concept que nous rejetons.

Comme l'énergie n'a ni forme ni dimensions, ni substance, <u>si elle est manifestée en quantités fixes,</u>

<u>si elle ne se disperse pas,</u>

<u>c'est qu'elle est contenue dans quelque chose</u>, dans un récipient. Ce support nous l'avons appelé **granule**.

Le granule n'a pas de forme fixe ; il est malléable et assume la forme qui correspond aux forces auxquelles il est soumis.

L'énergie, le quantum passe d'un granule à un suivant, il se déplace mais le granule ne se déplace pas.

Pour une raison quelconque dès le début de la création l'énergie s'est divisée en quantums de toutes sortes de valeurs, toutes sortes de puissances. Il semblerait que les photons soient pratiquement immortels ; nous recevons la lumière des étoiles, photons émis il y a des millions d'années.

Parlant des photons dans le registre visible, les photons sont de diverses couleurs, la couleur dépend de leur quantum. Le quantum du photon rouge est moins d'énergie que le quantum du photon bleu.

En fait, la couleur n'existe pas vraiment ; la couleur est une invention de notre système nerveux nous donnant des informations utiles, une amélioration facilitant la chasse et la collecte alimentaire : fleurs pour les abeilles, fruits pour les oiseaux, etc..

Même si les éléments du RET, les 'granules', ne sont pas en contact direct les uns avec les autres, même si leur distribution est en vrac, comme ils sont immergés en Mu, et que le volume de Mu est fixé par l'enveloppe de l'Oom, les variations de pression de chacun d'eux sont communiquées aux autres.

On se souvient de Mu, l'autre constituant du Ga.

Cette organisation spatiale permet des transmissions physiques sans frottement. C'est le procédé utilisé dans la cage thoracique où les sécrétions des plèvres permettent aux poumons de suivre les changements de forme de la cage thoracique sans irrégularités ou frictions.

C'est ainsi que le RET a des propriétés de réseau.

5. Revenons à l'atome

On représente l'atome de façon schématique comme formé d'un noyau autour duquel gravitent des électrons. Ces électrons n'ont à peu près pas de masse, ils ont une charge électrique négative, -1. Dans l'état normal, il y a autant d'électrons autour du noyau qu'il y a de protons dans le noyau. L'atome est électriquement neutre.

Les électrons gravitent, tournent autour du noyau en suivant des trajectoires assez bien définies. Nous n'entrerons pas dans les détails qui n'ont aucune importance ici. Cette description correspond au modèle Bohr, modèle primitif, mais satisfaisant pour expliquer d'une façon qui permet à l'ignorant d'acquérir une idée valide de ce dont on parle.

Nous pouvons maintenant avancer un peu plus.

Il est établi que lorsque des photons – les particules de la lumière – entrent en contact avec des électrons, ils sont absorbés momentanément - pratiquement ils cessent d'exister, puis ils sont réémis. Leur absorption fait tressauter un électron, et lorsque l'électron retombe à sa position de départ, le quantum du photon est éjecté et un nouveau photon apparait, généralement identique à celui qui a été absorbé.

En condensé, lorsqu'un quantum ne rencontre pas d'obstacle sur son chemin, il se déplace à la vitesse de la lumière, c'est un photon. Si au contraire il est bloqué, il devient presson augmentant l'énergie cinétique de l'obstacle, le poussant.

Dans le cas du coup de marteau, la situation est celle de la seconde phase : il n'y a pas de photon qui intervienne et donc pas d'absorption, mais il y a déplacement d'un électron, déformation mécanique de sa trajectoire : Quand il retombe à son trajet normal, il y a émission.

Il y a création d'un photon à partir d'un choc mécanique.

Dans les deux cas des électrons ont été secoués fortement au point de sauter momentanément de leur trajectoire et c'est leur retour à leur place, un saut, un déplacement brutal qui a causé la formation d'un photon, d'une onde électromagnétique se déplaçant à la vitesse de la lumière.

Ce n'est pas une création, c'est la libération d'un quantum. Le coup a poussé un électron, lui a collé un quantum. Ce quantum éloigne l'électron de sa trajectoire, mais l'électron essaie immédiatement de revenir à sa trajectoire première, libérant ainsi le quantum. Ce quantum qui a poussé le marteau, a quitté le marteau au moment du choc, puis il quitte l'électron qu'il a déplacé, et finalement abandonne cet électron pour se libérer en photon.

D'où est venu ce quantum ? du marteau, de l'énergie cinétique du marteau.

Donc rien de miraculeux, rien qui soit venu de rien. On peut donc imaginer que c'est de la même façon que les photons ont été formés au début de l'Histoire de notre monde.

Sauf que, dans le cas de la création, dans le cas du choc entre l'Autre et l'Oom, comme l'Oom ne contient pas d'atomes, pas de particules, pas d'électrons, l'émission de photons ne peut être expliquée par un choc. Il faut une autre explication.

L'avantage du modèle B sur les descriptions de la science c'est que notre modèle signale que c'est la présence de quelque chose, de Ga, à l'intérieur de l'Oom ; Ga qui pourrait avoir participé à la génération, à la création – n'ayons pas peur des mots - création des photons.

L'électron gravite autour du noyau dans des pistes plutôt étroites. L'existence de ces pistes implique la présence de crêtes et de sillons, des différences de tension du RET autour du noyau. Les pistes des électrons sont des sphères concentriques, une autre caractéristique du RET. Elle semble indiquer qu'il y a une autre activité pulsatile dans le noyau et dans le RET.

Nous n'en savons rien ; c'est une autre aire à étudier. Nous ne le ferons pas car elle ne semble pas indispensable dans notre description limitée de l'univers.

Les physiciens, bien sûr, souligneront que cette description de l'atome et des pistes des électrons est passablement fausse, terriblement schématique. Pour nos besoins, elle suffit.

On peut supposer l'existence d'une crête entre deux sillons, entre deux trajectoires possibles de l'électron ; c'est quand le quantum saute au-dessus de telle crête pour passer d'un sillon éloigné à un sillon plus proche du noyau que le photon est émis.

C'est bien compliqué tout ça, et pour quoi faire ?

Contrairement aux dogmes de la Science, pour qui tout apparait de la Nada, du Néant, s'il y a eu création, et il y eut création, c'est qu'il y avait des antécédents ; il y avait des facteurs, des éléments en présence et des règles du jeu, des lois !

Pour diminuer l'aspect dogmatique qui nous menace, nous allons laisser cette question pour le moment. Nous y reviendrons lorsque nous serons un peu mieux armés.

Selon les observations de la Science :

Les premières 'particules' formées lors de la création sont des photons justement.

Notre exemple du clou et du marteau nous permet de concevoir comment se forme un photon : un quantum saute d'une trajectoire qui le tient prisonnier, ce qui le libère. Il est alors photon, au moins jusqu'à être capté ailleurs.

Pour le Modèle B, c'est suite au choc entre l'Oom et l'Autre que sont apparus des photons au début de la création. Les photons ne se trouvaient pas dans le clou ni dans le marteau dans la démonstration, et ils ne se trouvaient ni dans l'Oom ni dans l'Autre avant le choc ; ou si on veut, ils se trouvaient sous forme de quantums : les pressons du mouvement du marteau

Ces pressons quittent le marteau quand il s'immobilise, ils vont se coller aux électrons du clou ; ils les accélèrent.

L'Oom est frappé et comme une cloche, à partir d'un seul coup, il va faire entendre sa voix pendant longtemps.

Si le battant est multiple, s'il frappe plusieurs points à la fois, c'est un son complexe qui sera produit.

La forme du battant a donc un effet sur la vibration produite par la cloche.

A notre avis l'enveloppe de l'Oom ne joue pas un grand rôle dans la suite des évènements. Au contraire nous pensons que l'**AUTRE** est plus rigide et que l'influence de sa forme est un aspect dominant de l'onde ainsi créée.

C'est donc de cette façon que fut transférée l'énergie cinétique qui causa la collision. Elle passa dans l'Oom agitant son contenu, Ga. Peu après cette énergie libre se changea en Photons et un peu plus tard en particules de matière. Elle finira par participer à tous les évènements du monde.

Notons au passage qu'il n'est pas nécessaire de faire appel à la notion d'un dieu créateur, mais d'autre part notons que telle participation n'est pas exclue : pourquoi les deux corps se sont-ils rapprochés ? y avait-il quelque Dieu un marteau à la main ? et autres questions métaphysiques…

Nous avons la cause, mais nous ne savons pas s'il y a une volonté derrière tout ça.

On ne voit pas bien pourquoi il y en aurait une.

Pour quelle raison une entité se préoccuperait-elle de créer un univers ? A sa place, le feriez-vous ?

6. Le Photon : les quantums

Il reste une toute petite question : le photon apparait quand un électron saute d'une position à une autre avons-nous vu ; comment le premier photon est-il apparu quand il n'y avait encore en Ga ni noyau, ni électron, absolument rien ?

Selon la Science la première manifestation concrète, matérielle, de la création c'est le photon. Nous avons indiqué plus haut que le photon est causé par de l'énergie, mais le photon n'est pas l'énergie en question, c'est la manifestation locale de la présence d'énergie en mouvement.

Nous acceptons les faits décrits par la Science, mais ses théories ne sont pas des faits, ce ne sont que des contes, des interprétations comme celles des religions et comme la nôtre.

La Science est plongée dans un bouillon de théories pour expliquer d'où viennent les particules.

L'explication la plus commune ? : c=ça !

De même, les religions ont un mal fou à expliquer d'où viennent les Âmes s'il y en a, ou le pourquoi de la vie. Le modèle B est beaucoup plus tranquillisant car tout y est relié logiquement.

Est-ce la vérité, enfin ?

Le lecteur le décidera en son for intérieur sans attendre la confirmation de la Science, confirmation qui, nous le prédisons, ne sera pas pour demain.

Le photon est formé par Ga là où Ga est agité par de l'énergie.

Le photon est une vibration électromagnétique.

Vibration de quoi ?

Il y a toutes sortes de photons : pour simplifier notre description, nous nous limiterons aux photons visibles. La couleur des divers photons manifeste l'énergie dont ils sont composés. Nous avons vu que le photon bleu contient plus d'énergie que le rouge et que sa fréquence est plus élevée.

On parle de quantums, le quantum étant une quantité d'énergie. Il semble que dans ce cas, l'énergie préfère se manifester de façon parcellaire, discontinue et non de façon continue. Le rai de lumière, le faisceau le plus mince, est un train de photons individuels.

On pourrait tout aussi bien penser que dans le choc entre Oom et l'Autre une partie de l'énergie transmise l'ait été sous forme de quantums et même de photons: ça nous éviterait au moins d'avoir à imaginer comment se sont formés les photons dans le RET où il n'y en avait pas et où il n'y avait rien de matériel.

J'insiste encore une fois, une fois de trop peut-être, mais c'est parce que c'est un point préoccupant, et d'autant plus que la Science ne le mentionne même pas.

Il y aurait eu des photons dans l'Autre ? la B-cadémie pense que non, mais ptêt ben. Il conviendrait de nous assurer qu'il n'y a pas eu transfert de photons de l'Autre à l'Oom.

A y repenser : les photons, les quantums étant des sortes de particules, les quantums ont un volume. Selon notre description Oom est plein avant BB ; plein de RET et de Mu. Il n'y a donc pas de place où pourraient pénétrer des quantums importés.

Donc, nous nous en tenons à notre opinion première : il n'y a pas de transfert de quantums de l'Autre à l'Oom lors de BB.

On doit penser qu'il y a compression de tout ce que contient l'Oom, et comme Mu est incompressible, compression de tous les granules qui réagissent immédiatement en reprenant leur forme.

Il y a formation d'une onde en Mu.

De toute façon ce texte est une simplification, une esquisse, une suggestion ne prétendant rien de plus que montrer qu'il est possible d'imaginer une alternative à l'univers de la Science.

Notre description du photon est une hérésie, sans aucun doute, mais elle nous permettra de comprendre certains phénomènes.

Il est possible et même probable que la structure du RET ne soit pas tout à fait continue, nous avons parlé de granules.

Il semblerait que chaque photon, chaque quantum ait sa propre identité et ne change jamais.

Il est certain au moins que certains photons viennent de loin dans l'espace et dans le temps : la lumière des étoiles. La science a observé que plus ils viennent de loin plus leur fréquence est réduite, ce qui pourrait impliquer une perte d'énergie, mais, dit la Science, ce n'est pas le cas.

Le changement de fréquence, dit-elle, est dû au fait que l'univers est en expansion, les étoiles s'éloignent les unes des autres sans arrêt. Du coup les fréquences perçues changent, diminuent comme le son de la sirène du train diminue dès qu'il nous a dépassé : c'est l'effet Doppler.

Pas d'accord ! absolument pas d'accord dit le modèle B où l'univers occupe un volume fixe et constant.

Il faudra que nous trouvions une autre explication.

Que le quantum soit fixe à travers l'Histoire supporterait assez bien la théorie des supercordes. Il se pourrait que chaque quantum, chaque éléments énergétique ait été formé parce que ses caractéristiques correspondaient plus étroitement à quelque morceau du Ga qu'aux autres. Nous n'hésiterons pas à compliquer tout ça.

Note pour les puristes : je respecte les us français et compose les pluriels à partir du singulier en ajoutant un s. Je ne présente pas la forme plurielle du mot dans la langue où il est apparu en premier. Donc, un quantum des quantums, un stimulus, des stimulus. L'orthographe française est bien assez compliquée comme elle est, inutile d'en rajouter. Un Haïcou, des haïcous. Comme je suis un écrivain, mes décisions deviennent références. Nous ne suivons pas non plus les déclinaisons sauf dans les deux exceptions : Gars et Garçon, et On et Homme.

Ce texte est une simplification extrême. Il ne prétend rien de plus que suggérer qu'il est possible d'imaginer un univers distinct de celui décrit par l'Académie.

Il semble possible, au point où nous en sommes, que la structure du Ga ne soit pas uniforme et continue, que Ga, comme un jeu de Mécano o de Légo contienne divers types de pièces.

Cette première spéculation ne change rien à notre exposé. Pour le moment nous pouvons penser que le quantum est créé une fois pour toutes et qu'il s'est maintenu inchangé.

Quand un photon passe dans le nuage d'électrons qui entoure le noyau d'un atome – prière de ne pas nous corriger, nos connaissances de l'atome vont un peu plus loin que ce schéma – il est absorbé, dit la Science, nous l'avons vu, il disparait pour un instant et est réémis immédiatement.

Le fait que l'absorption et la réémission se suivent si rapidement n'est pas très utile pour notre histoire. Mais parfois les choses sont un peu différentes, parfois l'intervalle entre absorption et émission est plus long.

II. Si, donc, un électron spécifique passe dans le nuage d'électrons, il peut arriver qu'il disparaisse. L'énergie qui le constitue, son quantum, fait que l'un des électrons change de trajectoire et se place sur une trajectoire plus éloignée du noyau :

<u>de photon il n'y en a plus.</u>

Ce qui nous montre bien que le photon n'existe pas vraiment, qu'il est une manifestation temporaire d'un quantum. Le quantum, lui, existe et est permanent soit qu'il se manifeste en photon, soit qu'il se manifeste en changement de trajectoire d'un électron, en énergie cinétique, en presson. Plus tard, l'électron retourne à sa place et un photon est émis, photon identique en tous points au photon absorbé.

Pour faciliter la tolérance, sinon l'acceptation des postulats de notre description il est raisonnable d'étendre dès à présent la portée de ce que nous venons de dire sur le photon et son impermanence. Le quantum peut être exprimé en photon, le photon est un **phénomène** et pas vraiment une particule stable.

La destruction totale des particules de matière ne libère, en dernière analyse, rien d'autre que des photons ; nous l'avons dit en I. Chaque particule de matière, toute la matière n'est donc qu'un montage temporaire de photons ou plus exactement de quantums.

III. Comme les photons ne sont que des phénomènes, qu'ils n'existent pas vraiment, **les particules de matière n'existent pas non plus**, ce ne sont elles aussi que des phénomènes.

Ce sont des agglomérats complexes et stables de quantums individuels.

Lors de la destruction de l'atome ces quantums reprennent leur forme de photon. Quelle forme ont-ils dans les particules de matière ? la Science devra le découvrir.

Comme tout ceci est passablement brutal, répétons les faits, réunissons-les

> I. En fait, à la limite de la destruction de tous les types de particules <u>il ne reste que des photons.</u>
> II. Si, donc, un électron spécifique passe dans le nuage d'électrons, il peut arriver qu'il disparaisse. L'énergie qui le constitue, son quantum, fait que l'un des électrons change de trajectoire et se place sur une trajectoire plus éloignée du noyau :

<u>de photon il n'y en a plus.</u>

> Le quantum peut être exprimé en photon, le photon est un **phénomène** et pas vraiment une particule stable.
>
> III. Comme les photons ne sont que des phénomènes, n'existent pas vraiment, **les particules de matière n'existent pas non plus**, ce ne sont elles aussi que des phénomènes.

Cette observation coïncide avec notre postulat : il n'y a pas de corpuscules concrets circulant dans un espace vide, rien que des ondes dans un milieu continu.

Pour le lecteur informé tout ceci a l'air faux ; mais nous le prions d'avoir un peu de patience ; nous allons continuer à tout questionner. Nous douterons de tout, sans pitié, même pour nos propres affirmations si l'analyse des faits montre qu'il le faut.

En ceci la Science Académique et la notion populaire sont d'accord pour rejeter le modèle B. Cependant il faut savoir que la Science n'a pas d'opinion unanime sur le sujet. La théorie des

Supercordes par exemple a jeté un énorme pavé dans la mare.

La certitude de tout un chacun qu'il y a des particules ponctuelles en a chancelé.

Nous verrons comment se déplacent ces quantums présents dans une particule, sans perdre leur individualité et sans s'échapper.

Une petite illustration peut-être ?

En haute mer, l'eau des vagues n'avance pas ; elle ne fait que se déplacer de haut en bas. Le bateau est soulevé par la vague, mais il reste à la même distance du rivage.

Qu'on ne nous fasse pas remarquer qu'à la plage la vague avance vraiment.

Si on tend un ressort à ruban entre deux points et qu'on pince le ressort n'importe où, quand on relâche le pincement on voit une onde se déplacer le long du ressort ; quelques spires avancent puis retournent à leur position de départ. On voit nettement l'onde avancer et nettement le ressort rester sur place.

Si on fait un nœud simple, pas trop serré, dans un cordon soyeux, bien souple et qu'on tient le cordon verticalement ; on voit le nœud descendre le long du cordon. C'est l'image parfaire : le nœud n'existe pas, à tel point qu'arrivé au bout du cordon il disparait.

C'est l'histoire des photons et l'histoire de la matière, des ondes qui circulent dans un Ga oscillant un peu ici et là, mais Ga restant sur place.

7. La Machine à laver

A la fin des années cinquante, intrigué par la notion que les photons se comportent à la fois en particules et en ondes, nous entreprîmes notre propre expédition, une investigation simple par raisonnements logiques rudimentaires, évitant ce qu'en disaient à l'époque les mathématiciens et les physiciens. Comme ces savants ne sont pas d'accord entre eux on peut les ignorer.

Nous commençâmes par une démonstration par l'absurde : cul-de-sac. Nous décidâmes de concentrer nos efforts sur le concret, l'aspect particule du photon. Nous conçûmes qu'il était possible de proposer une résolution de la discorde : nous pensâmes à la machine à laver où tissu et eau occupent le même espace.

Nous avons décrit tout ça dans Yoga des Sphères (Ed. de l'Homme).

Dans notre première description nous avons parlé d'un univers occupé par un réseau solide et par un liquide.

Tout déplacement d'une fibre du tissu se propage le long des fibres et se communique à l'eau. Le signal, le message suit donc deux chemins et a donc deux distributions et deux vélocités distinctes.

Le tissu nous l'avons appelé RET pour Réseau Espace-Temps et le liquide nous l'avons appelé Mu sans raison spéciale encore que nous pourrions en citer plusieurs.

Mère Universelle

Mer Universelle

Elément central de certains enseignements occultes

Et Koan Puissant de certaines écoles de Zen ..

Après bien des avatars le modèle est arrivé en 2015 à une description de l'univers proche du schéma du départ. De nombreuses erreurs ont été éliminées, de nouvelles découvertes ont été intégrées ; progrès de la Science qui a fait des pas de géants au cours de ce demi-siècle :

Nous allons donc retourner aux mots RET et Mu.

Revoyons ce que nous avons décrit au début.

Le photon est l'une des formes que peut prendre le quantum. Le quantum est une quantité fixe d'énergie dynamique, mais l'énergie elle-même n'a pas de forme. L'énergie est l'agitation de quelque chose. Dans tous les cas, le quantum ne peut être présent que là où il y a quelque chose qui peut être agité, déplacé ou déformé.

Comme dans le cas du photon l'énergie se déplace en quantités stables, constantes, en quantums ; nous croyons nécessaire de supposer que le quantum est logé dans un espace limité, espace forcément limité par quelque chose.

Faisant usage de la forme de pensée de la Science nous conclurions que le quantum occupe quelque récipient et que ce récipient se déplace.

Pour le modèle B rien ne bouge ce qui signifie que, encore qu'il faille bien un récipient, ce récipient ne se déplace pas ; le quantum saute d'un récipient à un autre du voisinage.

Nous pensons, de plus, que ce 'récipient', le granule, est universel ; il n'y a pas de granule spécifique pour quantum spécial. La taille du granule est ajustée par la force du quantum qui y entre. Il semble que le granule n'accepte qu'un quantum à la fois ; qu'il n'y ait pas addition, accroissement de la quantité d'énergie du quantum.

Il semblerait que chaque quantum reste distinct pour toute la durée de l'Univers.

Nous savons que ces affirmations, déclarations ex-cathedra vont à l'opposé de certains aspects de la théorie de la relativité. La suite établira comment nous le justifions.

Le rapport entre le granule et le quantum est du genre tout-ou-rien. Le quantum passe tout entier d'un granule au suivant, sans gain et sans perte.

Le photon est quelque chose qui vibre. Ce quelque chose doit changer de volume ou de forme puisque le signal croît et décroît. Il y a donc quelque chose qui peut vibrer : Ce n'est pas le quantum puisqu'il n'a pas de forme et que c'est une quantité fixe d'énergie.

Il semble qu'il nous faille postuler l'existence de quelque chose qui a la propriété vibratoire, quelque chose qui génère les caractéristiques vibratiles du photon, des hauts et des bas.

Il nous faut quelques postulats supplémentaires.

> Le RET est composé de granules, des sortes de bulles élastiques qui peuvent être comprimées ou gonflées.
> Chaque quantum gonfle un granule temporairement en proportion de sa puissance.
> Comme Oom est un volume constant, et comme ces granules sont en contact les uns avec les autres l'expansion de l'un d'eux est compensé par des changements équivalents mais contraires du volume des granules voisins.

Ces changements de volume causent des augmentations de pression dans les granules voisins, ces augmentations de pression aideront à chasser le quantum du granule où il se trouve momentanément.

Nous affirmons que le quantum saute parce qu'il est entier dans un granule, puis entier dans le suivant. Nous avons des raisons de croire que ce n'est pas vraiment un saut, plus un passage d'un récipient au suivant en franchissant un sphincter comme la nourriture passe de l'œsophage à l'estomac, puis de l'estomac au duodénum, etc…

Ce n'est pas tout à fait la même chose. Dans l'appareil digestif la progression du bol alimentaire est linéaire, chaque segment est lié au suivant et à aucun autre. Dans le RET la progression ne peut pas être véritablement, strictement linéaire parce que, comme nous l'avons mentionné, si les granules que le photon emprunte étaient en ligne droite, ces lignes seraient des directions préférentielles, la lumière ne parviendrait pas partout.

Il faut donc, pour que la lumière avance que le quantum s'échappe du granule où il se trouve un instant et trouve un autre logis. Le quantum n'est probablement pas libre entre ces deux cases ; souvenons-nous encore que le quantum n'a pas de forme pas de dimensions spatiales. Sans enveloppe il se dissiperait comme les vagues dans la mare et comme la voix.

Comment le quantum passe-t-il d'un granule au suivant ? chi lo sa ? c=ça !

MU est un liquide dans lequel baigne le RET.

MU forme un film liquide qui couvre la surface de chaque granule. Les propriétés mécaniques de ces deux substances – Mu et Granules – permettent la propagation entre les granules des pressions associées au passage des quantums. Grace à ces propriétés les pressions se communiquent malgré les variations temporaires des formes des granules ; communication sans adhérences, sans freinage par friction, nous l'avons vu.

Nous allons bientôt nous lancer dans les nombreuses questions sur le photon.

Comme les granules sont déplacés, comprimés, étirés, le signal du photon cause aussi des ondes mécaniques dans le RET. C'est ainsi que le signal 'photon' n'est pas rien qu'un message électromagnétique, c'est aussi une onde mécanique qui parcours le RET hors de granules. Cet autre signal est l'aspect analogique du photon, son aspect 'onde'.

De plus, comme Mu est un liquide, les changements de pression dans le RET sont aussi communiquées en Mu sous forme de signal analogique, et ce, à une vitesse supérieure à tout ce qui est causé dans le RET.

Contrairement au modèle de la machine à laver que nous avions supporté il y a un demi-siècle, modèle dans lequel le signal avait deux représentations, la particule et l'onde, le modèle qui a notre préférence maintenant signale trois représentations :

> La particule électromagnétique, le quantum
> L'onde causée dans le RET par les altérations des granules au passage du quantum
> L'onde secondaire, analogique celle-là, créée en MU

Il y a encore un autre facteur que nous devrons introduire : le facteur TEMPS. Le temps n'agit pas directement sur quoi que ce soit, mais il y a au moins une source d'énergie en Oom qui est libérée à mesure que le temps passe. C'est un facteur de la gravitation universelle comme la démontré Einstein.

Nous chercherons la source de cette énergie.

Tout ceci explique en grands coups de pinceau comment se peut imaginer un univers sans espace vide, sans rien de concret ; un univers où rien ne peut se déplacer faute de place vide ; un univers où des objets concrets semblent bouger, mais où en fait il n'y a rien de plus que de l'énergie qui se déplace dans le RET en quantités fixes et en quantités variables, les photons et les ondes.

Nous devons expliquer le photon. Notons au passage que les grandes avancées de la Science ont débuté par des descriptions neuves de la lumière. La description présente du photon par la Science laisse beaucoup à désirer. Il faut un nouveau pas en avant.

Le modèle B aidera-t-il ?

Pour le moment nous devons montrer la présence, l'action des divers facteurs et en particulier l'influence des caractéristiques des granules du RET.

8. Ga : tension variable, Ga=Mu, RET, Riens

Nous avons vu que l'Oom est plein de Ga, une sorte de gélatine élastique. C'est presque la mousse quantique de la science. La description du continuum espace-temps est soumise en ce moment à de fortes incertitudes : certains y voient une sorte de liquide, d'autres y voient une mousse, nous l'avons dit. Ça se rapproche assez de Ga, mais ce n'est tout de même pas la même chose comme nous allons le voir.

Ga n'est pas un milieu simple. Il est composé de Mu et du RET, lui-même composé de granules.

Passons ! le Modèle B n'est qu'un rêve.

Les quantums, les divers quantums sont des quantités d'énergie. L'énergie n'a pas de dimensions géométriques mais comme on dit que le photon est un quantum et comme le photon se comporte comme une particule, il faut reconnaitre que dans cet état le quantum a des limites physiques, géométriques.

Ce raisonnement nous mène à penser que le quantum du photon est ajusté dans un volume limité, d'où l'idée de granule. Ga serait plein de ces petits récipients que nous appelons granules. Généralisant, nous postulons que le RET, un composant de Ga, est un ensemble de granules élastiques.

Nous disons Granules, mais ce mot fait penser à quelque chose de rigide, des grains. On pourrait dire gélule, mais les gélules ont une forme fixe. Nous devrions les appeler bulles, mais ce mot a déjà été utilisé, les bulles sont vides. Pourquoi pas 'bubules' ?

Sans aucun doute ces granules – existent-ils vraiment – ces

granules ont une composition : nous n'avons aucune idée quant à leurs constituants. C=ça !

Contrairement à notre dessin initial du RET, ce que nous avions suggéré dans les années soixante, les granules ne forment pas un réseau continu, régulier, ils sont distribués comme les grains de sable sur la plage, ou les molécules dans l'air mais sans leur liberté. Leur liberté est limitée ; ils peuvent être déplacés un peu, mais jamais loin de leur position de départ. Ils sont maintenus en place et formés par la pression qu'ils exercent les uns sur les autres.

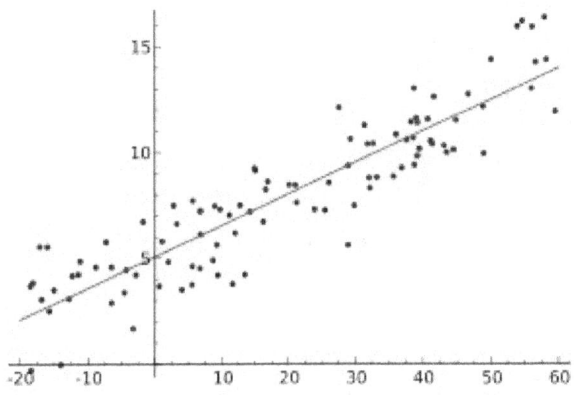

Le quantum ne se déplace pas en ligne droite, mais suit une approximation de ligne droite ; ses positions instantanées successives sont plus ou moins alignées le long de la trajectoire du photon comme le sont les données dont on tire les lignes de régression. Dans ce cas, la ligne de régression est la trajectoire perçue du photon, une ligne droite.

L'énergie électrique du photon est pulsatile et alternative. Comme la propriété 'pulsation' ne peut pas être apparue du néant, nous pensons qu'il existe dans l'univers un facteur pulsatile permanent.

Notre modèle suggère que le RET est non seulement composé de granules, mais que, de plus, il contient une infinité de 'Riens' pulsatiles.

Nous avons choisi le nom 'Rien', parce que rien c'est la chose la plus petite, et même dans l'idée de bien des gens, ce n'est rien du tout.

Dans notre modèle Ga est saupoudré de centres infiniment petits, des centres à activité pulsatile.

Nous les appelons des **Riens**. Rien, dans le concret, c'est ce qu'il y a de plus petit. Quand on dit :

« il n'y a rien » rien est un mot positif : « il n'y a rien » signifie qu'il n'y a même pas un rien.

Donc **Rien** fait tout à fait notre affaire. Nous ne voyons pas d'équivalent dans les autres langues, c'est donc le terme que nous garderons. La Science parle du Boson de Higgs, nous ne croyons pas que ce soit la même chose.

Il faut introduire un postulat additionnel :

Ga = Mu + RET + Riens (pulsatiles)   c=ça !

Nous allons prétendre que les Riens existent, mais le facteur vibratile pourrait aussi bien être une caractéristique des parois des granules, de leur enveloppe. Nous allons raisonner comme s'ils étaient fixés aux parois des granules.

Nous avons besoin de ces Riens, ils permettent de conceptualiser plus facilement les photons et l'électricité.

Nous avons lu que la théorie des Supercordes, elle aussi, a trouvé nécessaire d'introduire un facteur vibratile. Nous sommes convaincus qu'il ne s'agit pas d'un plagiat de leur part ; ils sont arrivés à cette conclusion indépendamment sans rien savoir de nos méditations. :)

à moins qu'il y ait télépathie ou que les deux groupes aient fait usage de clairvoyance et aient perçu, chacun de son côté, la Vérité . :)

Nous plaisantons mais nous devons faire une analyse sérieuse de certains des phénomènes décrits socialement mais improuvés au goût de la Science.

Où placer cette analyse ?

Les divers postulats permettent de décrire les choses. Nous admettons une fois de plus que ces postulats introduisent des concepts qui sont peut-être fort loin de la réalité des choses, une faiblesse que nous avons en commun avec la Science quand elle parle de l'électricité ou du magnétisme.

De fait nous n'avons encore jamais vu la moindre description des causes des diverses forces. Tout ce que nous avons vu c'est que la Science ne parvient pas à grouper, à unifier, à réunir les forces qu'elle reconnait.

Le modèle B fera-t-il mieux ? douteux ! le progrès de la connaissance se fait d'erreur en erreur moins grande.

La B-cadémie jouit de plus de liberté que la Science, elle peut décrire les choses sans se préoccuper de la résistance des cadres et des savants établis. De plus elle ne cherche pas à décrire l'univers comme il est, mais simplement à voir si les données apportées par la Science peuvent être adaptées à un ensemble distinct.

L'idée de Bohr que les atomes qui constituent la matière sont faits d'un noyau et d'électrons était révolutionnaire ; c'était un pas en avant. Maintenant on sait qu'elle n'est pas très proche de la réalité.

Pourquoi avons-nous besoin de ce concept des Riens ?

Nous répétons que pour le modèle B, rien ne provient de rien. Si l'énergie qui n'a pas de forme propre fait vibrer le granule, c'est parce que le granule a des caractéristiques vibratoires, nous l'avons dit, et nous ajoutons, c'est parce que le granule vibre perpétuellement. Ce qui suggère que le RET tout entier vibre sans cesse. Cette vibration universelle est synchrone, sinon on la repérerait.

Pour que quelque chose soit détecté il faut qu'elle soit remarquable, qu'elle soit différente.

Quand le quantum pénètre dans un granule, il en augmente la pression interne, et ainsi sépare, éloigne les Riens de ce granule.

On peut imaginer d'autres scénarios, mais le résultat serait le même. Les supercordiens sont bien mieux équipés et décriraient les choses plus élégamment.

Nous nous en tenons à la notion de Riens, des petits 'je-ne-sais-quoi' qui vibrent. Deux Riens du granule sont séparés par le quantum, d'autant plus séparés que le quantum est plus puissant.

Nous devons maintenant faire un autre détour, un détour important pour supporter, pour justifier la notion que les changements de pression dans le granule ont un effet sur le rythme battu par les Riens et en termes plus généraux, sur la vélocité de toutes choses.

Le nombre de composants croît, nous n'avons aucune idée de ce qu'ils sont et c'est sans importance pour notre discours d'amateur poète. Le nombre de composants croît, ou pour prendre les termes erronés de la Science, le nombre de dimensions monte d'une ligne exposée à la suivante.

Nous n'en sommes pas encore au total affiché par la théorie des supercordes, mais nous nous en approchons... Ce ne sont pas des dimensions, pas plus ici que dans le cas de la Physique, ce sont des facteurs dont trois sont des mesures géométriques.

Mais cessons d'ergoter et revenons à nos moutons.

Ce détour va nous permettre de décider si les Riens sont éloignés par le quantum, ou si au contraire ils sont rapprochés.

9. L'atome

Passons pour un instant par l'atome qui nous offre une image simple de l'influence de la compression des granules sur la vitesse de déplacement des objets. Nous disons 'objets' parce que ce que notre expérience nous fait connaitre comme objet se comporte comme tel même si en réalité il ne s'agit que de courants complexes dans le RET.

Nous allons nous limiter à la description de l'atome de Bohr : inutile de creuser plus loin, nous ne sommes pas en train de faire de la physique.

Revenons à la case départ :

Au centre de l'atome, le noyau. Le noyau le plus simple, le noyau d'hydrogène, est composé d'un proton à charge électrique positive, particule de masse 1.

Nous sommes dans un univers clos : Oom.

Nous avons vu qu'en définitive les particules sont en fait composées de quantums, quantums qui se libèrent dans l'explosion atomique, certains en forme de photons, et d'autres en pressons : le souffle de l'explosion. Il y a donc, dans ces particules une grande concentration de quantums maintenus ensemble de diverses façons sans doute

Dans les particules matérielles à trois dimensions, les quantums ne se comportent pas comme dans le photon ; ils ne s'enfuient pas, au contraire ils se tassent et restent relativement en place, se déplaçant en groupes.

Ces granules sont écrasés les uns contre les autres par la force nucléaire S ; elle leur fait occuper un volume inférieur à celui qui serait le leur s'ils étaient libres.

Nous pouvons noter au passage que les quantums, énergie dynamique, gonflent les granules, mais que les forces nucléaires, au contraire, les compriment. Deux types de force.

Les choses seront un peu plus claires si nous faisons un détour supplémentaire.

10. Gluons

Autour du noyau de l'atome existe une zone de freinage intense. Quand on a tenté de briser l'atome pour voir ce qu'il a dans le ventre – la description de Bohr s'arrête à l'extérieur – on a découvert que rien ne pénétrait au-delà des couches d'électrons ; impossible de toucher le noyau.

L'intensité de cette zone de freinage augmente avec la masse de l'atome.

Depuis Einstein la Physique décrit une influence sur la matière et sur ses déplacements, influence du Continuum Espace-Temps. Cette notion est fort proche de notre RET à ceci près que le Continuum est un ensemble d'influences, de forces, alors que le RET est concret, un ensemble de Granules.

Pour le Continuum comme pour le RET la présence de masses a un effet sur les déplacements et sur le passage du temps localement. Les images qu'on nous présente pour concrétiser le concept de Continuum montrent qu'à proximité des masses le continuum est étiré.

Dans notre modèle, le RET est étiré de la même manière à proximité des masses, mais comme tout est continu, comme il n'y a pas de zones vides, si le RET est étiré quelque part **c'est qu'il est comprimé ailleurs.**

Autrement dit, nous devons imaginer un tissu élastique : nous le pinçons quelque part et autour du pinçon le tissu est étiré et ce d'autant plus qu'il est plus près de la zone contractée.

Comme tout l'espace est occupé par Ga, comme Mu est

incompressible et inextensible, inexpansible – comme l'eau – ce sont les granules qui sont étirés : leur volume croît en réponse à l'étirement.

Donc, la zone d'étirement est zone de freinage. En ceci modèle B copie le continuum.

Et zone d'étirement signifie qu'il y a aussi une zone pincée ! la zone pincée, ce doit être le noyau.

Si le RET est étiré tout autour du noyau

c'est qu'il est concentré, **pincé**, dans le noyau.

Voyons ça de près.

Nous avons dit plus tôt que la destruction totale de la matière libérait en fin de compte des photons et rien de plus. La physique n'y est pas encore parvenu, mais le modèle B l'affirme, donc, comme dirait la physique sur bien d'autres sujets : cécomça ! (c=ça !) nous admettrons que ce n'est qu'un postulat, mais nous traitons ce postulat comme le font toutes les sciences, nous le traitons comme vérité indéniable.

Donc, dans le noyau l'énergie existe sous forme de quantums ; en une multitude de paquets.

Nous avons vu que l'énergie peut prendre diverses formes, des quantums par exemple et que les quantums eux-mêmes peuvent changer de forme, photons d'une part ou changement de trajectoire d'un électron d'autre part. Nous allons supposer que dans le noyau les quantums existent comme tels, mais se manifestent peut-être autrement qu'en déplacements.

Il se trouve que les forces nucléaires - les forces les plus puissantes de l'Univers avons-nous appris - les forces nucléaires sont venues de quelque part, et comme d'autre part l'énergie des quantums qui ont formé la matière n'est pas manifeste, nous pouvons penser que ce sont les quantums qui se sont changés en force nucléaire ; rien qu'un autre avatar.

- Avatar 1: photon
- Avatar 2: presson, accélération de l'électron dans l'absorption du photon
- Avatar 3 : compression des granules ; force S

Reste à savoir comment ils contractent les granules, où passent les quantums qui sont extraits de ces granules, comment se forme le pinçon. Ils sont comprimés parce qu'ils sont rapprochés de force.

La B-cadémie utilise une logique élémentaire en toutes choses. Pour que deux corps se rapprochent, il faut

- soit qu'ils se trouvent sur des plans inclinés l'un vers l'autre et qu'ils soient soumis à la gravitation par exemple.
-Soit qu'ils soient poussés l'un vers l'autre
-Soit qu'ils soient reliés l'un à l'autre par un lien et que quelque chose raccourcisse ce lien.
-Soit qu'au moins l'un des deux crée un vide, une succion de l'autre.
-Soit encore par capillarité

La Science académique ne se fait pas de tels soucis, les charges électriques de même signe se repoussent et les charges opposées s'attirent... comment ? c=ça !

Et ici dans le cas de la compression des composants du noyau de l'atome, nous nous trouvons en présence d'une force négative, une force qui fait que les divers composants cherchent à se rapprocher les uns des autres avec énergie.

La Science nous dit que c'est l'effet la force nucléaire, mais comment s'applique-t-elle ? une force de succion ?

Nous avons donc, d'une part un noyau plein d'énergie d'origine quantique et donc associée aux granules, et d'autre part un étirement du RET tout autour de ce noyau. Nous avons mentionné que les changements de pression se communiquent de proche en proche dans le RET, d'un granule aux autres.

Comme dans le noyau les quantums sont rapprochés et comme ils n'existent pas en liberté, nous pouvons penser que ce sont les granules qui sont ainsi rapprochés, au moins durant le bref instant où ils sont réceptacles d'un quantum. Si les granules sont rapprochés en un lieu, ils sont étirés tout autour et c'est ainsi que de proche en proche la formation d'un noyau crée une zone de tension du RET alentour.

Mais nous ne pouvons pas nous échapper aussi facilement que la Science, nous devons tenter d'expliquer

1. pourquoi les Granules qui restent à distance les uns des autres partout dans l'Oom se rapprochent ici, et
2. pourquoi la force nucléaire ne va pas plus loin que là où elle va.

L'attraction réciproque à laquelle ils sont soumis partout dans l'univers les tient séparés les uns des autres mais dans le noyau ils sont rapprochés avec force.

La physique a établi que la force nucléaire est en fait un dérivé d'une force encore plus puissante, celle qui lie entre eux les quarks, éléments des noyaux que la physique n'est pas encore parvenue à briser et qu'elle considère donc comme la structure de base de la matière. Le modèle B n'accepte pas cette conclusion. Nous sommes certains que la Science en arrivera à détruire les Quarks et montrer qu'il n'y a finalement que des dérivés de photons, comme le dit le modèle B.

C'est d'autant plus probable que ces dernières semaines de 2015 il semble qu'une nouvelle particule ait été détectée dont on ne sait absolument pas où la loger dans la description de l'atome...

Euh... pendant la rédaction de ce texte, entre les révisions et corrections, la Science a fait une nouvelle découverte : la fameuse particule nouvelle que nous venons de mentionner vient d'être gommée. Elle n'existe pas disent les chercheurs qui ont analysé les observations de plus près.

La force la plus puissante, celle qui relie les quarks viendrait de gluons. Mais on ne les a pas isolés. On sait qu'il y a quelque chose qui joue ce rôle.

Profitons de ce que le Modèle B n'est qu'un montage poétique pour affirmer que l'effet gluon est en fait l'une des caractéristiques des granules, autre interaction des quantums et des granules.

Nous nous excusons une fois de plus de ces incursions en domaines scientifiques, mais si nous ne le faisions pas il serait beaucoup trop facile pour ceux qui sont au courant de la physique d'abandonner la lecture sans même en rire.

Nous en avons presque fini avec le noyau de l'atome.

La zone de freinage autour des noyaux peut être franchie si le projectile est suffisamment rapide et puissant.

A notre avis les photons sont entourés de leur propre zone individuelle de répulsion de leurs voisins de sorte que normalement ils ne se touchent pas ; raison pour laquelle on n'augmente pas l'énergie d'un photon en lui apportant un supplément ou en tentant de provoquer des collisions.

Nous nous sommes essayés à divers scénarios, chacun avec des faiblesses mais après bien des efforts, ayant presque accepté une théorie qui nous paraissait faible, le ciel a écouté nos lamentations et l'explication, la bonne explication, nous a sauté aux yeux...

nous y viendrons.

Ça nous force à revoir certains de nos postulats, mais pas au point de les biffer. Le lecteur gagne à suivre notre cheminement, les questions en deviennent plus claires, plus nettes dans son esprit.

Mais qu'il n'abandonne pas simplement parce que l'un ou l'autre des postulats lui parait absolument faux.

Restons dans le noyau et pensons à la fois aux granules et à la force nucléaire principale.

11. Caractéristiques du granule

La force nucléaire comprime les granules et comprime donc tous les constituants du noyau. Mais nous avons vu que cette compression a une limite universelle – tous les nucléons sont de même taille. La physique parle de force qui change de direction mais c'est bien compliqué comme concept.

Heureusement pour nous, le modèle B permet une explication qui, en même temps, renforce le concept de granule.

Nous avons parlé du granule en indiquant qu'il avait une enveloppe ; nous avons suggéré qu'elle avait des caractéristiques disons physiques, des composants. Nous pensons maintenant que c'est une enveloppe distincte d'un contenu, contenu pratiquement indépendant.

Le quantum n'est qu'énergie dynamique, sans dimensions, sans forme, mais le granule a des composants. Le quantum agite, et gonfle le granule en proportion de son énergie. Les caractéristiques de la force nucléaire nous permettent de confirmer que le granule est plein. Son contenu est compressible, mais seulement jusqu'à un certain point et c'est pourquoi la force nucléaire semble changer de direction.

La force nucléaire comprime le granule jusqu'au point où elle est égale à la résistance du matériau interne du granule. **C'est la résistance, la limite à la compression du contenu du granule qui explique pourquoi la force S cesse de comprimer les nucléons quand ils sont très rapprochés.**

Le 'changement' de comportement de la force S est la preuve qu'il y a des granules et qu'ils ont un contenu. Ce comportement de la force S supporte le concept de granule.

En résumé : le granule a des constituants et des caractéristiques

– il a un contenu dont le volume augmente sous l'effet du quantum – ce contenu est compressible jusqu'à un certain point.

Dans le photon le quantum sort d'un granule pour pénétrer entièrement dans un autre granule sans dispersion entre les deux lieux. Dans le cas de formation de matière, les quantums semblent se vider de tout résidu énergétique, semblent s'aplatir jusqu'à leur limite de compression.

Révisons : cet aplatissement est la cause de l'étirement du RET autour du Noyau.

Reste à en trouver la cause et le processus !

Nous en avons fini avec le Noyau de l'Atome ; et en fait avec l'atome.

Nous avons maintenant un Univers dans lequel le RET présente des irrégularités, plus tendu qu'il est près des masses, plus relaxé partout ailleurs.

Tout ceci signifie que dans les objets en général et dans le noyau en particulier le RET est fortement comprimé. Le volume des granules individuels est réduit ; réduction qui est indépendante de la taille du noyau.

Nous nous souvenons que nous sommes dans un univers clos, Oom : comme les granules sont comprimés dans le noyau de l'atome, ils sont étirés tout autour, d'autant plus étirés qu'ils sont plus proches du noyau.

Bien entendu cet étirement décroit à mesure qu'on s'éloigne du noyau.

Faisons un petit tour du côté de la relativité générale : ce que nous venons de dire sur l'effet de la masse du noyau sur l'étirement des granules s'applique aussi au niveau macroscopique de la Terre par exemple. Là aussi, dans la Terre, les granules sont fortement comprimés, et autour de la Terre ils sont étirés ; d'autant plus étirés qu'ils sont plus proches du sol.

Pour améliorer la communication nous dirons Terre pour parler de notre planète, et Ciel pour ce qui est en altitude. Pas trop loin tout de même ; notre Ciel n'est pas trop loin de la Terre ; ce n'est pas l'Espace. D'autres propriétés de l'espace et de son contenu interviennent qui limitent la relaxation du RET. On en parlera sans doute.

Nous pouvons donc comprendre que l'état de relaxation ou d'étirement du RET en un point Ax du Ciel dépend de la distance entre la surface de la terre et ce point. Cet étirement décroit à mesure de l'éloignement de la surface.

Nous connaissons tous les formules ; laissons-les aux bacheliers.

Ce qui est important pour nous c'est comprendre le lien concret, mécanique entre cette élévation du point Ax et le temps. En fait notre modèle donne une image concrète du continuum espace-temps.

On peut remarquer en passant que dans le Modèle B ce que la Physique dit être concret n'est en fait qu'ondes qui circulent en Ga. Les seules 'choses' qui aient une consistance sont les granules du RET et Mu. Il convient sans doute d'ajouter les quantums à cette liste.

Au niveau de la surface de la Terre les granules sont plus étirés, il y en a donc moins par unité de volume : la densité en granules du RET est basse.

Au point Ax les granules sont plus relaxés, plus détendus ; leur volume est donc plus petit et leur nombre par unité de volume est plus élevé : au point Ax la densité en granules du RET est plus élevée qu'à la surface.

Selon la relativité générale et selon les observations, le temps s'écoule plus vite au point Ax qu'en surface de la terre. Ce rapport a été établi par Einstein et vérifié expérimentalement.

Le temps indiqué par les horloges, les montres qui se trouvent dans les avions en vol est en avance par rapport au temps au sol.

C'est ce qu'on appelle 'dilatation gravitationnelle du Temps'.

Autrement dit : le Temps local dépend inversement de la densité en granules du RET. Plus la densité est élevée, plus le Temps s'écoule vite.

Au Ciel les granules sont plus petits et par suite le temps est plus rapide.

Puisque nous nous intéressons à ces effets, voyons si la compression de granules par la gravitation aurait d'autres effets.

12. Densité granulaire et fréquence

Pour éviter de tomber dans la physique, utilisons les faits connus. Voyons ce que nous montre l'expérience de Pound-Rebka.

Dans cette expérience deux sources lumineuses identiques émettent la même longueur d'onde. Pour faciliter la communication nous allons exagérer. Une lumière rouge émise du sommet d'une tour, une autre identique émise du niveau du sol.

On observe que la lumière émise Rouge au sommet n'a plus la même fréquence en arrivant au sol. Sa fréquence a augmenté. Nous allons exagérer, elle arrive Bleue.

Il y a glissement vers le bleu de la fréquence de cette émission à mesure qu'elle passe dans une zone plus proche de la terre, ou pour le dire en nos termes, quand elle passe dans une zone de densité du RET moindre, quand elle passe dans une zone où les granules sont plus étirés, plus grands, plus gros.

Inversement, une onde Bleue émise du bas de la tour arrive Rouge au sommet, là où la densité du RET est plus élevée là où les granules sont plus petits. Il y a glissement vers le Rouge.

Ce qui a été démontré expérimentalement.

Il semble que la théorie de la relativité conclut à une augmentation du quantum à mesure qu'il s'approche de la surface. A notre avis il n'y a pas d'augmentation du quantum ; il y a changement de la manifestation du quantum.

L'un de nos postulats de base affirme que les quantums sont fixes.

Puisque nous nous permettons de douter d'Einstein, il nous faut expliquer les observations expérimentales autrement.

Expliquons-nous donc.

Dans le Modèle B, on parle de la **taille du photon** : la taille du photon est la distance entre les Riens déplacés par le quantum qui lui correspond.

Voyons si nous pouvons supporter cette opinion.

Ce qui est important pour la suite de nos réflexions c'est établir s'il y a un rapport entre la fréquence et la densité locale en granules du RET.

La diminution de cette densité cause une augmentation de la fréquence du photon.

La raison en est que pour le modèle B, la taille du photon, la distance entre les Riens qui causent le phénomène électromagnétique, dépend de l'expansion du granule qui porte ces Riens. Cette expansion dépend d'une part de la pression causée par le quantum, pression proportionnelle à l'intensité du quantum, et d'autre part de la taille de ce granule.

Nous disons que le quantum augmente la pression dans le granule, en augmentant la pression il en augmente la taille. Cette pensée nous ouvre de nouveaux horizons. Avant de nous lancer de ce côté, poursuivons la description du photon.

La fréquence du photon dépend de la distance entre les Riens qui vibrent. Cette distance est nécessairement plus grande dans les régions où les granules ont un plus gros volume, région de basse densité en granules. Nous voyons donc deux facteurs complémentaires qui affectent la fréquence du photon.

> La distance entre les Riens due à la densité granulaire locale, la taille des granules
> La distance entre les Riens due à l'intensité du quantum

Quand il s'approche de la Terre, le quantum du photon Rouge du sommet ne change en rien, mais comme il passe dans une aire progressivement moins dense, une zone où les granules sont de plus en plus gros, il y a progressivement plus de distance entre les Riens qu'il excite, sa fréquence augmente. C'est le glissement vers le Bleu.

Nous insistons : pour le modèle B il n'y a pas d'augmentation du quantum, rien qu'une altération de son expression. Le seul facteur déterminant la fréquence d'un photon c'est la taille du granule qu'il excite, son volume, volume qui dépend des conditions locales et de l'intensité du quantum.

Pour le modèle B c'est la distance entre les Riens qui détermine la fréquence du photon. On observe la même chose en étirant plus ou moins les cordes des instruments de musique. C'est aussi vrai pour les cordes vocales.

Qu'est-ce qui est étiré ? est-ce l'enveloppe du granule ? une question de plus sans réponse. Ne dérivons pas trop.

Notre conception du photon est valide ; il ne manque que les détails.

   Taille du photon = f(quantum) et f(1/densité du RET)

Ou   Taille du photon = f(quantum) et f(taille du granule)

La fréquence du photon dépend de sa taille ;

Il va falloir creuser la notion de photon. Il faut le faire sous plusieurs angles ; allons-y, un à la fois.

La courbure de l'espace-temps, pour utiliser les termes éprouvés, ou, pour utiliser nos mots la nature du RET a des effets universels. Son effet commence à agglutiner les granules dès la formation de la première structure, dès la première organisation d'une énergie dynamique qui seule n'aurait aucune forme, dès la première matérialisation.

Quelle est la première forme ?

Les religions et en particulier la Genèse affirment que la première manifestation a été la lumière. Mais peut-on dire que la lumière, le photon a une forme ?

Pourquoi introduire les croyances plus ou moins mythiques ? Nous introduisons bien les croyances de la Science… ce sont elles aussi des actes de foi, des opinions.

La Physique en général et la mécanique quantique en particulier affirment que le photon n'a pas de forme ni de dimensions à proprement parler. Mais notre modèle décrit un univers clos et comme le photon se déplace en ligne droite et a une identité, il est nécessaire qu'on lui reconnaisse des caractéristiques géométriques.

La preuve que le photon a des dimensions c'est que sa trajectoire est déviée par les champs gravitationnels ! le photon est un disque plat, sans épaisseur, perpendiculaire à son déplacement. Le photon montre ainsi qu'il a au moins deux dimensions.

Le photon change la taille du granule où il se trouve, n'est-ce pas une dimension ?

Nous avons dit champ gravitationnel mais il faut se rappeler que pour notre Modèle les effets de la gravitation sont causés par des différences de volume des granules.

Dans le Modèle B il n'y a pas d'ondes abstraites ni d'influence par des champs ou par des interventions divines.

Selon notre modèle, le modèle B, l'énergie dynamique se déplace de proche en proche en toutes sortes de quantités et en toutes sortes de vitesses. En fait pas de toute vitesse car quand l'énergie est contenue dans un 'objet', elle ne peut pas dépasser, ni même atteindre la vitesse de la lumière.

Nous allons devoir creuser tout ça.

Nous venons de mentionner la vitesse de la lumière ; nous en arrivons donc encore au Photon.

La situation se complique ! Tant d'aspects !

Nous avons décrit l'effet de la gravitation sur l'écoulement local du temps. Voyons d'un peu plus près cet aspect des forces en présence.

Gros granules, temps étendu, étiré.

Et par suite les horloges d'un satellite en orbite à quelque distance de la terre sont en avance par rapport à celles au sol. Plus la distance est grande, plus la différence l'est aussi.

Nous avons vu que l'énergie dynamique des quantums augmente la taille des granules.

L'énergie gravitationnelle le fait aussi. L'énergie de certaines autres sources que la gravitation semble avoir parfois un effet similaire. Einstein l'avait prédit et les expériences l'ont confirmé.

Toutes les horloges se ralentissent par rapport à un observateur immobile. Un voyageur dans l'espace vieillira moins que ceux qui sont restés au sol.

Nous reviendrons à ce thème quand nous analyserons la naissance des photons.

13. Electricité, magnétisme

On sait comment produire des photons : dans tous les cas ils sont produits par le saut d'un électron. Nous y reviendrons.

Le photon a-t-il une forme ? Oui, nous venons de le voir. Laquelle ? est-ce une particule, ou une onde, ou les deux comme le dit la Science… voyons voir.

Le photon est une onde électromagnétique … qu'est-ce que ça veut dire ? qu'est-ce que l'électricité ? le magnétisme ?

La Science décrit leurs effets, mais pas un mot sur leur origine ou la façon dont ils agissent. De quelle façon deux charges électriques de signes opposés parviennent-elles à se rapprocher l'une de l'autre ?

C=ça ! dit la Science

Pour que des objets se rapprochent il faut des pentes ou des crochets et des cordes entre les deux. Mais ici nous ne parlons pas vraiment d'objets, nous partons de zones vibrantes.

Selon les postulats du Modèle B, l'électricité est en fait une vibration perceptible, une onde mobile causée par de l'énergie dynamique – quantum – onde hors de phase avec les vibrations naturelles, perpétuelles et universelles des Riens.

Nous n'avons pas la moindre idée sur la façon dont l'onde alternative du photon se fixe en signal positif ou négatif dans les particules de matière, dans les protons et électrons.

Autre investigation que nous laissons aux savants. Ce que le Modèle B décrit c'est que positif et négatif, la polarisation de l'électricité n'est qu'un jeu de phases. Lorsque les objets vibrants sont en phase ils se repoussent, lorsqu'ils sont en opposition de phase ils s'attirent, tout ceci parce que les vibrations ont lieu dans un milieu continu, le Ga.

Dans le cas du photon, rappelons que nous postulons que le RET a une pulsation continue et universelle. Comme la pulsation du photon a une fréquence différente de la fréquence de base du RET, il est alternativement positif et négatif.

Quant au magnétisme, la chose est un peu plus simple. Le magnétisme est causé par le déplacement de charges électriques dans le RET.

C'est un phénomène semblable à celui qu'on observe avec les autobus en mouvement. Nous avons tous remarqué que la vitre arrière des bus était couverte de boue. En avançant le bus soulève de la poussière. Le fait que cette poussière se colle sur la vitre indique qu'elle avance plus vite que le bus. Le déplacement du véhicule crée une petite tornade en entrainant l'air ambiant. Ce tourbillon est perpendiculaire au déplacement du véhicule et perpendiculaire à la force de gravité. La poussière s'élève, se déplace perpendiculairement au véhicule.

Ce courant d'air est identique à ce que cause, dans le RET, le déplacement de charges électriques.

Supprimez la charge électrique ou évitez de la déplacer et le magnétisme disparait.

Sheldon aurait pu s'éviter un voyage au pôle et l'humiliation conséquente.

Les spécialistes de la mécanique ondulatoire n'auraient aucun mal à décrire tout ça comme il faut.

14. Photon, réfraction, forme du photon

Depuis Einstein il y a un siècle, tout le monde sait que le photon se comporte à la fois comme onde et comme particule. Pour nous, c'est la preuve qu'Oom est assez semblable à la machine à laver dont le contenu est le Ga.

Nous avons conçu ce modèle dans les années soixante – nous sommes persuadés que d'autres ont publié des idées semblables avant et depuis – et nous y décrivions un endroit où l'univers semble d'une part être une sorte de liquide, Mu, dans lequel baignerait un réseau 'solide' appelé Réseau Espace Temps. Selon ce modèle l'énergie circulerait dans les granules en format de quantums – les photons – ce qui causerait secondairement des ondes dans le RET, hors des granules : le phénomène ondulatoire.

La différence avec le modèle académique c'est qu'il décrit une mousse quantique à travers laquelle des particules et des objets se déplaceraient quand notre modèle B décrit que particules et objets seraient des manifestations d'énergie se déplaçant à l'intérieur des éléments solides de la mousse.

Nous étions tout à fait conscients, et nous l'avons dit, que le RET ne pouvait pas être une structure solide parce que s'il l'était - ne le dîmes-nous pas ? – la lumière suivrait des directions privilégiées, ce qu'elle ne fait pas. Nous étions donc à la merci de découvertes possibles de la Science ou de nos méditations.

Immobilisés à ce point, il nous restait à attendre que notre curiosité nous entraine à nouveau dans ce domaine ou que la Science apporte de nouvelles informations.

Photon polarisation photon ovale

Nous pouvons dès à présent trouver une information sur le photon dans sa forme particulaire.

Si la piscine se trouve entre nous et le soleil, nous sommes éblouis par la lumière : tout se passe comme si toute la lumière était réfléchie. Mais pourtant, si nous nous plongeons la tête dans l'eau, nous voyons qu'elle est éclairée en-dessous de la surface.

C'est ce qu'on appelle la polarisation de la lumière.

De même si nous nous servons de lunettes à verres polarisants, la réflexion disparait : nous pouvons voir maintenant si nos enfants que nous avons perdus de vue sont sous l'eau en train de se noyer, ou si, plus simplement, ils sont allés jouer plus loin, ce qui n'est pas forcément plus rassurant.

Le fait que la lumière se comporte ainsi nous pousse à penser qu'elle est constituée de plusieurs types de photons, et que la surface de l'eau n'est pas uniforme ; Nous pouvons imaginer que la surface de l'eau présente des fentes, et que la forme du photon n'est pas un cercle.

Le lecteur doit tenir compte du fait que tout ceci est symbolique ; la Science explique tout ça autrement, mais les photons ne le savent pas.

Certains photons seraient assez parallèles à ces fentes et entreraient donc dans l'eau sans difficulté, les autres seraient à angle droit de ces fentes et rebondiraient, causant l'éblouissement.

La polarisation semble indiquer que les faisceaux lumineux sont composés de photons à orientations différentes, que les photons individuels ont effectivement une forme : qu'ils sont ovales.

Cette conclusion, la forme du photon, colle avec le modèle B qui indique comment se forment les photons à partir de déplacement de **Riens**, deux à la fois. Nous allons nous en tenir à notre description.

Nous avons dit depuis longtemps que la polarisation poussait à croire que le photon est ovale.

Selon la Science la première manifestation concrète, matérielle de la création c'est le photon.

Pour notre modèle, il semble probable qu'en fait le quantum n'avance pas tout à fait en ligne droite. Les Granules ne sont pas alignés et non seulement le quantum saute d'un granule au suivant, mais le déplacement est un peu aléatoire. C'est comme l'onde de choc d'un bille dans un champ de billes. L'énergie avance en zigzags : dans le cas du photon, la trajectoire moyenne du quantum est linéaire parce qu'il y a correction par l'onde préparatoire en Mu.

(incertitude d'Heisenberg ?)

Onde préparatoire ? on a découvert que le photon était accompagné, précédé par une onde qui se déplace donc plus vite que la vitesse de la lumière. C'est ce qu'on appelle '**onde subliminale**'. Ce phénomène est tout à fait compatible avec notre modèle, l'onde subliminale serait due à la poussée causée par le photon, poussée mécanique qui créerait une vague en Mu. Nous nous souvenons que la vitesse en Mu est plus élevée que la vitesse des signaux à l'intérieur des granules. La vitesse dans le granule est la vitesse de la lumière, elle dépend de l'état de tension du RET. La vitesse en Mu est indépendante de tout facteur ; elle est pratiquement invariable.

Et pour en revenir au photon, il se dirigera vers la zone du RET la plus étirée, probablement celle que **l'onde subliminale** a préparée mais il est aussi influencé par la présence de matière ... réfraction, diffraction. Nous ne nous aventurerons pas de ce côté

Ce sont les caractéristiques du photon particule électromagnétique qui comptent, ce sont elles qui dirigent le phénomène. L'aspect ondulatoire du photon est un effet secondaire, l'effet de la pression causée par le quantum, pression mécanique qui comprime le RET alentour.

Le cratère, le photon-onde, le prisme

L'onde est un ovale plan perpendiculaire à la trajectoire du photon. Elle est due à l'effet mécanique de la progression du quantum. Le changement de volume du quantum se communique physiquement aux granules voisins. Ce rond, cet ovale plat qui avance à mesure qu'avance le photon, nous l'appelons Cratère.

La taille de ce cratère dépend de la fréquence, de l'énergie du photon. Comme nous l'avons dit, la fréquence du photon correspond à l'élargissement du granule ; plus le quantum est puissant, plus la fréquence est élevée et donc, plus grande est son influence sur le RET voisin.

Au quantum puissant correspond un granule plus grossi ; à un granule plus gros correspond un cratère plus étendu. Ce cratère est la manifestation directe, ondulatoire, mécanique, concrète du photon.

Comme par exemple, dans toute zone, le photon bleu est causé par un quantum plus puissant que le photon rouge, le cratère du bleu devrait être plus étendu que celui du rouge.

Le prisme est l'instrument nous permettant de tester cette conclusion.

15. Le Prisme

Quand la lumière blanche entre dans le prisme, ou n'importe quelle interface, sa trajectoire change et on voit la lumière se décomposer dans l'arc-en-ciel.

Dans tout milieu transparent chaque couleur a sa propre vélocité. Dans le 'vide' elles ont toutes la même. Nous écrivons 'vide' entre guillemets pour ne pas oublier que dans le Modèle B comme dans le modèle quantique il n'y a pas de vide. Pour nous partout le Ga, pour eux partout l'Espace.

Ce seraient ces différences de vélocité qui causeraient la séparation des couleurs. Les photons de chaque couleur se comportent indépendamment, mais tous de la même façon, leurs trajectoires se dévient comme si tous ceux d'une couleur attendaient les autres : c'est le procédé utilisé pour faire tourner un tank, une chenille est ralentie pendant que l'autre avance rapidement.

Ça c'est la version officielle. Il se pourrait aussi que le diamètre des photons dépende vraiment de leur fréquence, et que la réémission nécessite que le cratère tout entier ait atteint l'interface.

Nous devrions penser un peu plus à fond sur ce sujet du comportement du photon, mais la Science le fait fort bien et nous estimons que nous pouvons nous permettre de ne pas nous préoccuper des erreurs que nous détectons en les écrivant.

Ce texte ne prétend pas entrer dans les détails déjà bien décrits ; nos suggestions et nos termes donnent une image concrète pour l'amateur, ce qui manque au discours officiel.

Quoiqu'il en soit exactement, le résultat c'est que tous les photons de même couleur sont déviés également de sorte que se forment des faisceaux distincts, autant de faisceaux qu'il y a de couleurs mélangées dans la lumière blanche dont ils viennent.

L'image colorée qu'on obtient par la diffraction par le prisme est appelé le Spectre. Toutes les sources lumineuses, tous les atomes n'émettent que quelques fréquences, quelques couleurs et on se sert du spectre pour identifier la source de la lumière.

Chaque atome émet un spectre caractéristique et on croit que ce spectre est une constante, que la lumière émise disons par l'Hydrogène il y a des millions d'années était identique à celle émise aujourd'hui. Comme le spectre de la lumière des étoiles ne correspond pas à ce qu'on en attend, on parle de déplacement du spectre de la lumière.

La théorie du Big Bang et notre modèle ont des interprétations tout à fait distinctes de ce glissement.

Comme la Science ne dit pas un mot sur la taille des photons, sur leurs cratères, nous n'insisterons pas. Ce n'est pas très important pour notre modèle. Notre modèle affirme que les photons ont des tailles propres. Que le cratère participe à leur réorientation par le prisme ou non, c'est une autre histoire. Nous pensons que le changement de direction des couleurs et leur séparation supportent notre description.

C'est cette différence de taille qui expliquerait la séparation des couleurs par le Prisme. Plus le cratère est étendu, plus il faut de temps pour que le photon tout entier soit soumis aux effets de l'interface.

Pour nous les photons ont différentes tailles et c'est la taille de leur cratère qui leur donne leurs caractéristiques ondulatoires. Comme le photon bleu a un cratère plus étendu que le photon rouge, il sera plus dévié par le prisme.

La pratique démontre cette prédiction.

Docteur Bruno P. H. Leclercq

NOTE

Note:

Les éditeurs plus riches utilisent un procédé moderne pour diminuer le coût de production des livres.
Le texte est gardé sous forme de message électronique et imprimé une copie à la fois par des imprimantes couleur. Il n'y a donc plus aucune raison de séparer les couleurs et de tirer quatre copies.

Mais une grande partie des petites entreprises n'ont pas encore acquis ces machines. Pour diminuer le coût de production, les images couleurs apportées par l'auteur sont imprimées en noir et blanc, ce qui en diminue la portée.

On peut compenser ce problème en ajoutant des codes QR aux images. Certaines publicités le font déjà pour augmenter la présentation de leur texte.

L'auteur présente son image en couleur, image qui porte le QR correspondant. L'image est donc publiée en noir et blanc, mais le lecteur peut voir les couleurs en utilisant son décodeur QR.

Pratiquement tous les téléphones en ont.
Si nous ne savez pas comment vous en servir, demandez à n'importe quel enfant d'une dizaine d'années, il se fera un plaisir de vous instruire.

Réfraction par le prisme

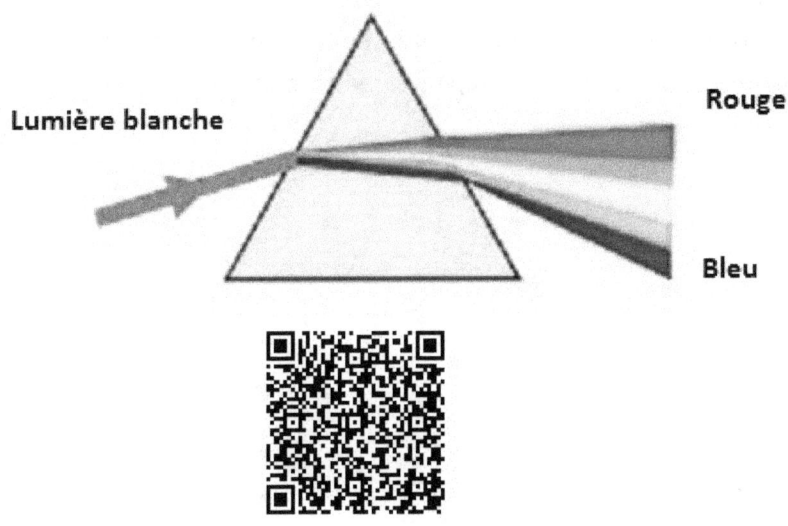

Il y a bien un cratère, semble-t-il, et c'est lui qui est directement responsable de la séparation des couleurs.

La séparation des couleurs n'est pas due directement à l'écartement des Riens par le quantum. Cet écartement est directement responsable de la fréquence des ondes électromagnétiques.

Cet écartement cause un écrasement des granules entourant le granule présentement excité et c'est cet écrasement qui est le cratère. C'est un écrasement alternatif qui suit la pulsation dans le granule photon. Ce n'est pas lui qui cause l'effet électromagnétique.

Dans cette analyse particulière, le Modèle B est assez distant de celui de la Science Académique. Cette section va à contrepoil et teste la patience des spécialistes.

Qu'on se souvienne que nous ne faisons que décrire un univers possible ; il n'est pas forcément une copie exacte de celui où nous vivons.

Nous tentons de montrer un Univers possible et nous le maintenons à un niveau schématique compréhensible pour la majorité. La Science ne partage pas ce dernier souci.

16. Modèle B

Nous voyons que notre modèle B soutient le postulat que rien ne se déplace sauf les Riens et les parois des granules qui font un peu de va-et-vient : il n'est donc pas nécessaire, au contraire, qu'il y ait le moindre espace vide dans l'Oom.

Pas de vide et pas de déplacement de particules.

Souvenons-nous que nous décrivons un univers possible. Le nôtre est peut-être identique, mais la Science dit qu'il n'en est rien. Respectons la Vérité officielle et poursuivons notre description d'un univers qui n'existe peut-être pas.

Nous insistons pourtant : comme nous parvenons à tout expliquer sans faire appel à un vide et à des objets en mouvement, nous pouvons conclure en toute sécurité qu'il n'y a peut-être ni vide ni objets en mouvement dans le monde où nous vivons.

Le fait que les Riens soient déplacés en paires identiques est peut-être la notion de supercorde, et la formation du cratère causé par leur déplacement limité serait la notion de 'Brane'.

Ptêt ben !

Il faut pourtant l'admettre : croire que la Science Académique puisse se tromper à ce point sur tant de sujets essentiels nous est difficile!

Mais par ailleurs, la notion d'expansion, celle de particules ponctuelles sont fort loin des visions, des descriptions des premiers à en parler, descriptions des visionnaires des mythologies.

Notre conclusion c'est que notre modèle pèche par simplification et que celui de la Science pèche par sa foi dans l'expansion de l'espace, dans l'existence de particules indépendantes qui se déplacent puis vont se ranger sagement dans une « singularité ».

Il est aussi possible que la notion de Riens ne corresponde à rien de concret, que ce soit un phénomène spécial qui apparait quand un granule est soumis à une forte accélération – le coup de marteau, le saut de trajectoire de l'électron.

Les mathématiciens décriront tout ça, dès qu'il y en aura qui penseront que ça vaut la peine de regarder.

Il est même possible pour ne pas dire probable que le granule soit un phénomène et non une structure absolue. Le granule, selon le Modèle B a une substance, il est forcément composé de choses beaucoup plus petites.... Etc...

Pour nous, tout se passe comme s'il existait et donc nous poursuivons : c=ça !

17. Création : la Baffe !

Nous avons affirmé que la création débuta quand quelque chose entra en contact avec l'Oom.

Ce quelque chose nous l'appelons **l'Autre**. On pourrait simplifier le symbole, l'appeler 'L' par exemple, à prononcer 'El'… ça ferait plaisir à tout un tas de religions ! On pourrait aussi l'appeler **A** s'il s'avère que c'est le départ de toutes choses.

On aurait alors, avant la création, d'un côté Oom qui attend qu'on le réveille, et A.

Ça nous ferait **A-Oom**.

La paire qui est la cause et la totalité de notre univers serait A-Oom ?

Il est possible que nous n'ayons jamais plus à en parler.

Cependant, ne pouvons-nous pas indiquer certaines de ses caractéristiques ? Il faut le faire car, sans aucun doute, certains y verront un Dieu Créateur. Nous avons tous en tête le doigt de l'œuvre de Michel Ange.

C'est par ce choc qu'entra dans l'Oom toute l'énergie dynamique qui fait notre univers. On peut penser que cet **AUTRE** était de taille considérable ou, au moins, que ces deux corps allaient fort vite.

On peut supposer que l'**AUTRE** n'est pas entré dans l'Oom :

> s'il y était entré et en était sorti immédiatement il pourrait avoir emporté avec lui une grande partie de l'énergie

cinétique, limitant ainsi ou même interdisant la création dans l'Oom.

Ou sinon, étant entré, il n'en serait pas sorti... Mais nous sommes sûrs que l'Astrophysique l'aurait déjà détecté.

Nous pensons que « non détecté » signifie « absent ». C'est une information négative, c'est une preuve assez faible, mais dans ce cas, exceptionnellement, nous accepterons cette conclusion de la Science.

Cet **AUTRE** pourrait être collé à l'Oom, en augmentant ainsi la masse. C'est possible mais aucun visionnaire n'a dit que la masse de l'univers a augmenté lorsque la création démarra.

Jusqu'à quel point peut-on croire ces visionnaires ?

Finalement, dernière possibilité, il est possible que ce corps additionnel soit resté hors de l'Oom, et que le contact ait été immédiatement interrompu, un rebondissement ?

C'est le cas de la boule de Pétanque dans le carreau ! la boule tirée tombe sur la cible, la cible est chassée et la boule du tireur prend sa place. C'est aussi le pendule de Newton.

Sur ce point, nombreuses sont les descriptions mythologiques :

> Ra abandonna le monde dont le comportement était abominable ; ou suite à une ruse de sa fille qui voulait en prendre le contrôle.
> Çiva s'irrita de sa création lui aussi, et s'en éloigna
> Les premiers dieux Grecs firent de même...

Nous mentionnons tout ça pour le plaisir de reconnaitre un peu ces anciens visionnaires, les vrais pionniers de la recherche sur la nature et l'Histoire de l'Univers depuis avant même le choc initial.

Les visionnaires prophètes et autres qui suivirent les premiers altérèrent ces descriptions pour les ajuster à leurs préjugés sociaux. C'est ainsi – un exemple parmi d'autres – que la description de la création dans le premier chapitre de la Genèse est très différente de la description du second chapitre.

Dans le premier chapitre, Elohim fait en même temps l'homme et la femme ; dans le second chapitre il change de nom, fait l'homme, puis les animaux, puis la femme de la façon que tout le monde connait : un rien sexiste.

Restons un instant sur les visionnaires antiques : ils parlent d'un dieu créateur qui s'éloigne de sa création – ces dieux auraient existé dans l'Oom avant le monde matériel ?

Oui, c'est bien ce que disent la plupart de ces enseignements ;

Mais revenons à la science de la B-cadémie, elle confirmerait ces mythes ?

18. Ze Big Bang et la singularité

Nous reverrons ces détails ailleurs mais ils ont déjà leur place ici.

La théorie principale de la Science Académique c'est que la création a commencé par un Big Bang ; une grande explosion.

Pour des raisons dont nous parlerons un peu plus loin, la Science considère qu'il est probable que l'Espace et l'Energie étaient ensilés, comprimés, stockés dans une 'Singularité' dont nous ne savons pas si c'est un lieu. Nous allons nous épargner les descriptions, justifications et critiques.

Au moment du Big Bang, l'Espace et l'Energie sont libérés. L'Espace s'étend et en fait il semble qu'il continue à pousser puisqu'on considère – la Science considère – que l'Univers est en expansion, autrement dit que l'Espace continue à croître.

Dans toute ces descriptions la Physique considère que l'Espace est une sorte de substance et non pas un vide. Dès le début de ce texte nous avons mentionné la 'mousse quantique'.

Pour nous ne savons quelle raison, personne ne parle d'un vide pré-existant, vide pourtant indispensable à une théorie expansionniste. Où s'étendrait l'Espace s'il n'y avait pas de vide autour de la singularité ?

Comment pourrions-nous appeler ce Vide absent de la description de la Science ?

Tout ceci, pour le Modèle B, est absurde ou hérésie.

Pour le Modèle B l'espace où l'Univers se déroule est l'intérieur de l'Oom : un volume fixe.

Mais poursuivons : des observations astronomiques assez récentes ont découvert que l'Espace s'était étendu plus rapidement que son invasion par l'Energie. Autrement dit, la vélocité de déplacement de l'Espace est supérieure à la vitesse de la lumière – vitesse maximale dans le monde concret. Autrement dit, pour la Science, l'Espace s'étend et l'Energie s'étend en lui, à la suite, avec un peu de retard.

Nous, la B-cadémie, rejetons absolument la théorie du Big Bang et de l'expansion – nous défendrons notre position plus avant – mais nous acceptons les faits observés. Nous acceptons donc qu'il y eut une onde qui est apparue et s'est étendue avant la formation des premiers photons, onde qui s'est déplacée à une vitesse supérieure à celle de la lumière.

Pour nous, cette onde qui avance dans l'espace plus vite que la lumière, c'est une onde générée par le choc entre Oom et l'**AUTRE**. Cette onde s'étend dans le Ga comme n'importe quelle onde s'étend dans un milieu propice, les ronds dans l'eau. L'énergie qui est entrée en Oom n'avait pas de forme ; les photons n'étaient pas encore apparus, pas encore été formés.

Il est possible que ce soit cette onde d'énergie informe qui a été détectée ; c'est peut-être l'agitation de Mu qui a révélé la présence du RET.

Si nous entrons dans une pièce absolument obscure et que nous allumions notre lampe de poche – de nos jours un cellulaire ferait l'affaire s'il n'émettait qu'un faisceau étroit – des meubles apparaissent là où on ne voyait rien. En déplaçant le faisceau d'autres objets s'ajoutent à la collection. Ce n'est pas la lumière qui crée ces objets ; la lumière ne fait que révéler les objets qui étaient là.

On pourrait croire que nous prenons le lecteur pour simpliste, mais l'interprétation de l'onde 'Espace' telle que la présente la Science Académique montre un manque de réflexion. L'onde qui a été décelée n'est pas une substance – l'Espace – qui se déplace, qui s'étend ; c'est une onde, une vibration qui révèle qu'il y a quelque chose dans toutes les directions, quelque chose qui peut supporter l'énergie dynamique.

En fait, pour respecter les croyances de la Science, nous dirons que ce qui est détecté en premier c'est l'Espace au sens académique du terme, Espace qui était partout avant toute chose, Espace que l'agitation première met en évidence.

Nous avons indiqué dès le début que pour nous l'énergie a besoin d'un support pour se manifester. Le fait qu'une vague puisse être observée prouve un effet, prouve qu'il y a quelque chose qui occupe l'espace tout entier, qui occupe l'Oom tout entier, quelque chose qui peut supporter l'énergie de la première vague.

C'est le Ga tout entier qui est agité ; c'est le RET en Mu qui est détecté, substance sans organisation et sans lumière parce que le photon n'a pas encore été créé.

Ce n'est pas de la création, ce n'est pas de l'expansion, c'est la révélation de la présence d'un substrat, de Ga.

Nous pouvons maintenant retourner nous installer confortablement dans le Modèle B.

Nous pouvons conclure que ce qui est entré en contact avec Oom, y introduisant assez d'énergie pour construire la création toute entière, création dont nous sommes parties infimes, ce quelque chose, cet Autre a rebondi.

Les observations de la Science supportent :

> L'existence d'une onde première envahissant l'Espace tout entier (Oom) avant qu'il y ait de la lumière
> Que sa vélocité était supérieure à celle de la lumière
> Qu'il y a un Ga qui occupe l'Oom tout entier avant BB.

Pourquoi ne pas lire Bob plutôt que BB ? C'est plus facile, plus court et plus sympa. Nous ne l'écrirons pas car ça ne fait pas sérieux, mais le lecteur peut le faire en lisant, ou même dans la conversation si les choses se développent au point que des conversations naissent autour de ce modèle.

Ensuite, pas bien longtemps plus tard, cette première vague créa le photon. Nous ne savons pas ce que dit la Science sur ce point, et rien sur les observations qu'elle a faite ; si tant est qu'elle se soit posé la question.

Les photons sont-ils apparus d'abord dans une région spécifique avant de se disperser dans l'Oom tout entier ? ou sont-ils apparus un peu partout simultanément ? laissons ces questions aux chercheurs.

Ce 'quelque chose', cet **AUTRE, A,** a une forme, l'aire de contact de ces deux corps a une forme, et la première onde, Onde Un , - **Alpha** ? – communiquerait cette forme à l'Oom tout entier. Comme Oom est un espace clos, il n'y a aucune perte d'énergie possible, mais l'onde peut perdre de son intensité, de son amplitude pour diverses raisons.

Avec le temps une partie de la forme d'Alpha pourrait aller dans les messages portés par les diverses particules, y compris les photons. Les faisceaux de photons sont peut-être modulés et portent peut-être des informations sur les objets et les évènements qui sont l'Histoire du Monde, tous changements qui pourraient être le résultat de l'influence de l'onde Alpha, de son énergie et de sa forme.

Que dire sur ce message ? sur la forme de cette onde ?

Le message, sa forme, est-il la cause de toutes choses ? participe-t-il à la formation de la création ? participe-t-il à l'évolution ?

Cette première onde va générer des harmoniques. Ces harmoniques diminuent l'intensité de l'onde mais pas son message, sa forme.

La première onde, Alpha, altère la distribution des granules, leur position absolue, et ce avant même la formation des photons et de la matière, une influence qui perdure.

Plus tard la matière sera formée, des évènements auront lieu, guidés en partie par cette première vague ?

Nous en parlerons.

19. Modèle B, théorie mécaniste

La théorie mécaniste de la B-cadémie affirme que tous les évènements de l'Univers sont associés de façon continue, mécanique, par les liens concrets.

Nous affirmons qu'il n'y a pas d'espace vide en Oom et que, en réalité, il n'y a pas d'objets, rien qui se déplace, sauf de l'énergie dynamique plus ou moins en mouvement.

Rien de concret.

Kein Stein : pas le plus petit caillou ! pas de rocher, pas de montagne.

Le noyau, ce qui, croit-on, est le plus concret, le noyau suce tout alentour, comme un siphon, ou plutôt comme un aimant dans un boite de clous.

Notre théorie est mécaniste : il n'y a pas de champs comme ceux de l'électricité ou de la gravitation postulés par l'Académie des Sciences; ces effets sont les résultats des caractéristiques de Ga et non de forces sans supports concrets.

Pour être tout à fait honnêtes, nous affirmons qu'il y a des granules et qu'ils sont élastiques. Il y a aussi l'effet de la gravitation.

Notre théorie est aussi géométrique car elle décrit l'espace tout entier et ne laisse aucun lieu vide. C'est la géométrie au sens premier du terme ; la description de la surface tout entière, et dans un monde à trois dimensions, la description de l'espace entier : rien de vide, rien d'oublié.

Docteur Bruno P. H. Leclercq

Devrait-on dire cosmométrie ?

Après un certain nombre d'améliorations, de complications, nous ne savons absolument pas comment l'expliquer, même de façon rudimentaire – les photons s'agglutinent en particules à masse stable et certaines à charge électrique stable électrons et positrons.

Les charges électriques du photon sont alternatives et notre modèle le décrit assez bien, les charges électriques des particules lourdes sont fixes.

Nous ne nous lancerons pas dans les spéculations nécessaires pour expliquer comment se manifeste de façon continue l'électricité des protons et des électrons. Nous n'avons aucune envie de montrer l'étendue de notre ignorance plus qu'il le faut . c=ça !

Nous insistons : il n'y a rien de solide dans l'univers que nous décrivons, rien que des arrangements de quantums, des expressions temporaires de leur présence en photons ou en particules.

On ne peut s'échapper des points I. II. et III. établis au début. Tout n'est que phénomènes, chaque 'chose', chaque évènement est un Phénomène.

Tout ceci laisse bien du travail pour les mathématiciens de l'Académie. Certains sont de meilleurs penseurs que nous, tous sont bien mieux entrainés.

20. Evolution

Chaos

Avant l'introduction d'énergie dynamique par BB, par Bob, Ga est absolument uniforme. Nous pouvons supposer que tous les granules sont de même dimension. Ils sont partout, en vrac mais sans grumeaux. – Tohu Bohu.

Quand l'énergie pénètre en Oom elle n'a d'autre effet que d'agiter tout le contenu d'Oom. Ga est agité ; une agitation uniforme.

Ensuite, très tôt, les photons apparaissent, les photons sont créés. L'uniformité de Ga est altérée, ce qui arrive dans le RET est maintenant différent de ce qui arrive en Mu, ce qui arrive dans les photons, et ce qui arrive autour d'eux. C'est le chaos.

Des photons apparaissent dans le RET tout entier, mais comme on en trouve partout, même si c'est le chaos, c'est un chaos uniforme.

Peu après des particules à trois dimensions sont formées, les plus simples en premier : les Atomes d'Hydrogène.

Maintenant ça y est : l'uniformité est perdue pour de vrai, il y a des photons et il y a des atomes ! chaos !

Et ça empire, les atomes s'attirent les uns les autres par la force de gravitation. De la poussière se constitue, poussière composée de divers types d'atomes : cette poussière est attirée par encore plus de poussière pour que finalement se créent des corps célestes, étoiles, planètes, comètes, masses de toutes tailles et de toutes formes.

Et le processus de coagulation se poursuit dans la formation de galaxies et finalement, probablement, celle de Trous Noirs – y en a-t-il vraiment ? – apogée de la condensation.

Il semble qu'il y ait un plan, une sorte de loi peut-être dirigeant cette évolution. D'où vient-elle ? de Ga ? ou a-t-elle une autre origine ?

Le Second Principe de Thermodynamique dit que l'entropie, l'agitation de tout ensemble augmente en fonction du temps. Ici au contraire nous voyons l'énergie dynamique, la forme la plus entropique qui soit, s'immobilisant progressivement.

Regardons l'Univers sous l'angle du Second Principe. Nous refusons toujours autant de croire que la Science soit dans l'erreur en toutes choses.

Il y a de la matière en Oom. Oom est un volume clos, isolé. Après l'introduction initiale d'Energie, il n'y aucun autre apport. Une certaine partie de cette énergie devient de la matière et il y a nécessairement un moment où il y a autant de matière que possible.

Puis la matière se désintègre, progressivement tout se désintègre et là où se trouvait la matière il ne reste rien, l'énergie qui avait été captée en particules s'est échappée ne laissant qu'agitation mécanique et photons. Il y aura même un moment où il ne restera plus de matière à désintégrer et, bien sûr aucune agitation car l'agitation ne se trouve que là où il y a quelque chose d'agitable.

Il ne restera plus que des photons. Nous parlerons des Trous Noirs un peu plus loin ; il est possible qu'en eux restent des atomes et même des morceaux de matière, peut-être des planètes entières.

Simplifions un peu : nous pouvons dire que la désintégration se fait par radioactivité et par explosions. Les explosions sont dans la fission atomique ou dans la fusion. Dans la fission, la bombe A, des atomes lourds sont brisés en petits morceaux et il y a perte de masse. Dans la fusion, bombe H, des atomes lourds sont formés à partir d'atomes légers, mais là encore il y a diminution de la masse totale.

Diminution de la masse c'est principalement diminution du nombre total de nucléons, de protons et de neutrons.

En fait, en ceci, la perte de masse entraine de nouvelles questions. Un peu plus tard nous reviendrons sur ce point crucial.

Dans les deux cas il y a libération d'énergie radiante : des photons. Il y a une autre fuite de quantums dans ces explosions : le souffle de l'explosion est causé par des quantums qui se joignent à toute la matière avoisinante ; ce sont des quantums sous leur second avatar, des pressons.

Cette perte de quantums fait nécessairement qu'il y a moins de quantums dans les corps formés par l'explosion que dans les atomes utilisés.

La masse, l'effet de succion dépendrait du nombre de granules écrasés, le nombre de granules écrasés serait le nombre de quantums participant à la formation de chaque particule solide. Moins de quantums c'est moins de masse ?

Comme la bombe A et la bombe H libèrent des quantums et comme ces quantums forcément viennent de quelque part, il y a moins de quantums impliqués dans les masses formées que dans les masses du départ. Moins de matière c'est moins de masse, et c'est bien ce qui est observé en pratique.

D'où proviennent ces quantums libérés ? ils proviennent de nucléons éliminés, détruits – des protons et des neutrons.

Ce qui confirme ce que nous avons affirmé au début : la destruction de la matière libère des photons. Nous ajoutons ici : la libération de quantums selon le second avatar, mais à la fin du monde, lorsqu'il ne restera plus de matière, lorsqu'il n'y aura plus rien à pousser, on peut penser que tous les quantums seront sous la forme photons – à moins que les Trous Noirs….

Avant de décider s'il y a ou non formation de matière après celle du début il va falloir revoir le procédé : comment les photons se sont-ils transformés en matière ? Nous pourrons alors décider plus clairement s'il y a d'autres synthèses de matière au cours des siècles et donc si la fin est inévitable.

La situation est donc fort simple à ce qu'il parait :

    d'un côté nous avons création de matière une seule fois dans l'Histoire de notre Univers et de l'autre
destruction progressive et totale de la matière au fil des siècles.

Ça ressemble fort à ce que décrit la statue Nataradja ;

elle montre Çiva, en fait Paraçiva dont le domaine s'étend du commencement du monde représenté par un tambourin, BB, à droite, jusqu'au feu, la fin de matière à gauche. La description de ces visionnaires est sans appel. Mais ce ne sont que des visionnaires, pas des savants.

La statue ne dit pas si Çiva est créateur ou si simplement il est présent du début à la fin.

Ne voyez ici qu'un peu de tourisme dans une autre science ; aucune promotion de cette religion pour la placer en avant des autres, ou en avant de l'athéisme. Montrer la ressemblance ; c'est tout.

Et nous retournons au modèle B.

D'un côté nous avons la construction de plus en plus de formes et de l'autre leur destruction afin de rétablir la paix et l'uniformité originelles dans tout le Ga.

Il y a deux forces en présence, sans aucun doute, deux jeux de lois et, contrairement aux enseignements de la plupart des religions qui affirment que leur Etre Suprême donne la Vie avec la promesse de souffrance et décès pour tous, le Modèle B conclut qu'il y a deux forces ou, si nous voulons leur donner visage humain, deux guides.

L'Histoire de l'Univers est celle de guerres à mort, l'un des facteurs tentant d'annihiler l'autre, autre qui cherche à s'étendre et survivre par n'importe quel moyen.

C'est la Vie contre la Mort.

Le facteur qui veut tout bloquer et tout détruire, c'est Thanatos.

Le facteur qui veut établir son existence et la rendre éternelle, nous l'appellerons Eros.

Ces noms feront plaisir aux hellénistes et aux Psy.

Ces deux facteurs existaient avant le premier instant, nous pouvons supposer qu'ils sont éternels et que, sans doute ils en arriveront finalement à quelque compromis.. Politique céleste ?

Comme la création commence avec BB et comme avant cet instant Tohu Bohu règne, nous pensons que ce second guide, Eros, ne se trouve pas dans l'Oom avant que commence notre Histoire ; il est importé, ou plus exactement injecté.

Et d'autre part, la tendance à l'immobilisation est bien établie dans l'Oom avant la Création ; c'est donc une caractéristique du Ga et en particulier du RET.

Thanatos était ici, dans l'Oom avant BB .

Commençons donc avec le début de la création.

Comment le photon est-il apparu ?

21. Formation du photon

Il y a un début d'organisation, une partie de l'énergie dynamique prend une forme potentielle : les masses.

Mais avant d'en arriver là, l'énergie introduite par le BB forme des photons.

Tout le monde est d'accord sur ce point, la Physique l'affirme et la Genèse également :

Elohim dit: "Que la lumière soit!" Et la lumière fut.

La Science simplifie encore plus se contentant de dire : « il y a de la lumière ! »

Nous y reviendrons.

Le fait que l'énergie dynamique se transforme en matière, en morceaux, en énergie potentielle, ça ne colle pas de très près au Second Principe de Thermodynamique, mais ne pas trop nous en soucier.

L'organisation n'est pas un changement spontané : pour nettoyer votre bureau ou votre chambre vous devez suivre un plan.

Nous établissons donc que si l'énergie dynamique s'est organisée, afin de se réserver pour quelque usage ultérieur peut-être, c'est en réponse à une force, une force additionnelle, peut-être sans rapport avec l'introduction d'énergie par le BB. Le seul effet de l'introduction d'énergie à l'instant BB a été le chaos général, l'augmentation du nombre de variétés.

Si nous jetons une poignée de gravier dans l'eau, toutes sortes d'ondes, de vaguelettes se forment qui disparaissent pour laisser la place à d'autres.

Dans l'Oom un effet calmant s'impose, la formation de matière puis son organisation en morceaux de plus en plus massifs, des météorites, des étoiles, des planètes, des galaxies, une grande variété d'organisations de plus en plus puissantes, des groupements captant de plus en plus d'atomes, de la poussière matérielle éparpillée dans l'Oom tout entier, là elle a été formée.

C'est la lutte contre l'uniformité, ce n'est donc pas dirigé par Thanatos.

Dans l'ensemble s'il est vrai qu'il a un accroissement du nombre de formes en fonction du temps, ces formes sont de plus en plus organisées : avec l'homme c'est le nombre de formes abstraites qui augmente, sans grand effet sur l'entropie de l'univers.

Pis encore, nous savons qu'avec le temps la matière va disparaitre, nous verrons ça plus loin, et ce qui restera sera au mieux des messages ou au pire un Trou Noir ou une singularité.

Rien d'autre que des photons à la fin des temps ? N'est-ce pas l'entropie parfaite ?

Oublions une fois de plus les Trous Noirs qui n'ont aucun rapport avec l'entropie croissante, au contraire.

Gardons les yeux sur les photons, ces photons de la fin des temps porteurs de toute l'information, de toute l'Histoire de l'Univers, photons qui maintenant ne changeront plus : pas grande entropie en ce point.

Ce facteur n'intervient pas dans le choix des formes, ce n'est pas lui qui fait que la matière devienne la biosphère, et encore moins qu'elle devienne l'Homme et sa pensée.

Nous allons creuser tout ça ; il le faut car dans tout modèle il faut tenter de reconnaitre, de distinguer tous les facteurs qui interviennent dans les évènements.

Pour le moment nous avons

> Oom,
> Ga,
> l'énergie dynamique apportée par l'autre et
> Thanatos énergie uniformisante, faculté du Ga.
> Et un autre facteur montre son nez ; facteur qui est opposé à Thanatos.

Faisons un détour touristique, ça changera de la monotonie de la logique.

22. Tourisme culturel, Eros

Appeler Thanatos ce facteur actif, en fait on pourrait dire passivisant , pacifismant, nous relie aux traditions antiques et à la psychiatrie. Thanatos c'est la fin de l'activité et par extension la fin de la vie.

Ça ressemble à Çiva de l'Hindouisme. La plupart des gens acceptent l'opinion Vichnouiste que Çiva est le dieu de la destruction, mais ce n'est pas vraiment le cas. L'univers commence et tout est agité : le dieu de cette agitation c'est Vichnou alias Krichna. Selon la Bhagabad Guita c'est Krichna qui décide qui vit et qui va être tué au combat.

Pendant toute l'Histoire du monde, tout serait dû à l'action de Vichnou. Que fait Çiva pendant ce temps ? Rien : il est inactif. Il est le modèle de la perfection et il sera révélé petit à petit à mesure que l'agitation dirigée par Vichnou se calmera. Çiva semble donc être la cause de la destruction de toutes choses, mais en fait il est inactif. Comme il est fixe, il apparait éventuellement à ceux qui parviennent à calmer l'agitation dans leur propre esprit, état mental qui peut être associé à la fin de la vie : il est d'autant plus visible, perceptible que progresse la destruction de ce qui est, élimination du monde matériel.

C'est la raison pour laquelle on le croit dieu destructeur.

Çiva est l'officier de l'Union qui dépoussière son uniforme d'un geste de la main dans le film de Sergio Leone ' Le Bon, le Mauvais et le Laid'.

N'allons pas plus avant dans les disputes entre les divers courants hindous.

Lorsque l'énergie pénètre dans l'Oom elle se distribue dans

l'espace entier. Comme l'Oom ne contient aucun objet, on peut croire que cette énergie dynamique se distribue de façon uniforme : ce n'est plus le calme du début, c'est l'agitation générale ; mais c'est un chaos uniforme en quelque sorte, universel, nous le vîmes. L'énergie se déplace dans l'Oom tout entier par les granules et par Mu qui les entoure.

Puis commence la formation de particules – les photons en premier, la matière ensuite – maintenant le contenu de l'Oom est irrégulier et l'attraction universelle le rend encore plus irrégulier en causant l'apparition de corps célestes de plus en plus massifs.

Nous avons déjà vu tout ça.

Il est certain que Thanatos a beaucoup d'influence, mais quand il était seul rien ne se faisait.

Ce que nous observons c'est le contraire de l'uniformité .Ce ne peut être l'effet de Thanatos.

Thanatos du modèle B n'est pas une entité divine, c'est simplement une loi de type physique, une loi simple, à qui nous avons donné un nom pour faciliter la lecture.

L'énergie dynamique elle aussi à quelque effet.

L'énergie dynamique vient de dehors. Il y a bien deux maitres, deux jeux de lois.

L'un est autochtone, l'élasticité du RET, l'autre est étrangère, importée. Son origine serait l'AUTRE ?

Deux maitres sans aucun doute, deux tyrans.

Comment parviennent-ils à s'ajuster ?

Thanatos c'est la loi du Ga, la loi qui fait que l'agitation tend à se calmer pour uniformiser la distribution des granules et de l'énergie. Ce n'est certainement pas elle qui fait le photon. Il y a bien plus d'uniformité en Oom avant la formation des photons. Il y avait bien plus d'uniformité en Oom juste après BB. Pourquoi l'Univers ne s'est-il pas satisfait de cet équilibre ?

La loi étrangère, la loi qui vient du dehors nous l'avons appelée Eros.

Eros est la loi de la construction, de l'expansion, de la création.

Eros d'un côté, Thanatos de l'autre.

Ça ressemble assez bien à l'histoire de l'humanité : les gens occupent un territoire et ne font rien de plus que se servir des ressources naturelles, sans aucun projet. Apparait alors l'étranger, les Romains pour prendre un exemple qui n'insulte personne – on s'en sert déjà pour dévier la culpabilité de certaine crucifixion – ou les Francs ou les Arabes. Ce conquérant se servira de l'énergie potentielle des autochtones et de leurs terres, ressources négligées, utilisées mais pas exploitées jusque-là. Il envahit et vole la plus grande partie de la production forçant le peuple à travailler plus fort.

Il faut reconnaitre qu'hélas, pas d'esclavage pas de progrès.

Ensemble maintenant, l'étranger et l'autochtone construisent des pyramides, des cathédrales, une industrie, une science qui apporte protection, santé et fierté que tous partagent.

On a l'air perdu, mais on avance, on avance !

Revenons au départ de la création :

Il y a BB, le choc entre l'Oom et l'AUTRE qui fait entrer de l'énergie dynamique dans le Ga jusqu'alors parfaitement tranquille : Tohu Bohu dit la Genèse.

Le choc cause une onde dans l'Oom. Ce qui va circuler dans l'Oom nous l'appelons Alpha, on s'en souvient.

Dans un premier temps dit la Science, l'Espace s'étend, et ce plus vite que la lumière.

Nous avons expliqué que cette interprétation des observations scientifiques ne correspondait pas à la réalité. Ce que la Science décrit comme expansion de l'espace c'est en fait la propagation de l'agitation du RET qui est en tous lieux avant le BB. Ce que l'onde montre c'est la présence du RET.

Cette agitation est secondaire à la propagation de l'onde première en Mu ; c'est cette onde qui remue le RET.

Donc, dans un premier temps, l'énergie s'étend dans l'Oom et ce n'est que dans un deuxième temps que cette énergie se transforme en photons.

Comment se peut-il qu'un milieu uniforme comme le RET avant la BB altère la trajectoire d'énergie libre au point de fabriquer de la substance, des agglomérats d'énergie ?

La BB fait entrer une onde, une vibration, nous l'avons appelée Alpha. Une onde c'est de l'énergie pulsatile. L'onde peut donc être vue à la fois comme

>porteuse d'énergie et comme
>porteuse d'une forme, d'un message.

Selon la forme de la cloche et celle du battant le message peut-être simple ou complexe ; dans tous les cas il fait des vagues en Mu et ces vagues sont copiées par le RET. Ce message fait apparaitre des creux et des bosses dans le milieu où il entre et où il circule, des plissements solides, concrets dans le RET.

Quand on plie un drap à bout de bras, on l'agite de haut en bas et on voit une vague qui se propage d'un bout à l'autre. On peut aussi imaginer un fouet, mais c'est plus difficile a bien observer, et de plus, de nos jours, qui se sert d'un fouet ?

Une partie de cette énergie s'organise en quantums, individualisation due sans doute aux caractéristiques granulaires du RET. Nous avons établi que lorsqu'un granule est porteur d'un quantum aucune énergie additionnelle ne peut y pénétrer ou en sortir, rien qui changerait sa charge. De la même façon, au début de la création aucune énergie n'entre directement dans les granules vides.

L'énergie apportée par Alpha a un effet direct sur Mu et indirect sur la forme des granules, les étirant et les comprimant mais sans qu'il y pénètre la moindre énergie dynamique.

Il nous semble nécessaire de remarquer que le facteur 'message' d'Alpha, ce que nous avons appelé Eros, agite et déforme le RET indépendamment de l'énergie dynamique qui apparait dans les granules.

La cause directe c'est l'agitation de Mu. Le résultat c'est l'ondulation du RET.

La vélocité en Mu est supérieure à la vélocité de granule en granule et c'est pourquoi l'onde Eros se propage plus vite que les quantums qui vont de granule en granule.

Cette description ne nous satisfait pas. Ce n'est pas très clair, on peut sûrement faire mieux.

De toute façon il nous semble que c'est sensiblement de cette manière que les photons ont été formés, par agitation du contenu des granules au passage de l'onde en Mu.

Nous avons vu que quand un quantum entre en un granule, ce granule grossit. C'est un effet sur le contenu du granule. Nous pouvons penser que si nous forçons un granule à grossir, le forçant de l'extérieur, un quantum s'y formera.

Comment l'engrosser ? en le comprimant de l'extérieur, ce que fait l'onde en Mu.

Si on donne un coup à un matelas d'eau, une onde s'y forme et y circule même pendant un certain temps. On voit donc de l'énergie dynamique circuler dans le matelas à une vitesse différente de la vitesse ambiante, la vitesse du son dans l'air, ou la vitesse de la main qui a frappé.

De l'énergie dynamique est active dans le matelas, indépendante de tout ce qui se passe dans le reste de l'univers. On peut penser que c'est de cette manière qu'ont pris naissance les quantums.

Maintenant ça y est, nous avons un mécanisme qui explique comment les quantums ont été formés sans introduction directe d'énergie dynamique dans les granules.

Certaines des ondes d'alpha en Mu compriment des granules et ces compressions causent des ondes dans le contenu des granules : les quantums, c'est ça.

Leur intensité dépend de celle de l'onde en Mu qui les a causé, et c'est pourquoi il y a une grande variété de quantum ; ce qu'atteste l'infinité de fréquences électromagnétiques.

Ces ondes internes des granules se déplacent à une vélocité qui dépend des caractéristiques mécaniques du contenu des granules, vélocité réduite par rapport à la vélocité en Mu.

Cette vélocité des ondes dans les granules est la vélocité de la lumière.

Quand un granule est comprimé, son contenu réagit puis revient à son état relaxé. C'est une vague intérieure qui se forme, c'est le quantum.

Le quantum est né !

Premier pas de la génération de matière !

Des quantums de toute intensité apparaissent parce que l'onde en Mu – c'est une onde – présente des hauts et des bas.

Il y a là un mécanisme à étudier – nous ne le ferons pas – l'onde interne ainsi créée se déplace à la vitesse de la lumière.

Comme, au début, il n'y a rien dans l'univers pour freiner son déplacement ou pour le bloquer, le quantum saute d'un granule au suivant générant ainsi un signal électromagnétique, le photon.

Le photon n'est pas importé à l'instant BB ; il est créé un peu plus tard.

Les photons se déplacent à la vitesse de la lumière, vitesse inférieure à la vitesse en Mu.

Là encore un petit film permettrait une illustration plus rapide et plus claire.

C'est ainsi que naissent les photons dans un espace sans atomes, sans électrons à secouer. Les photons ne sont pas importés, ils sont créés localement. Bien entendu on peut penser que les photons ou au moins les quantums sont introduits tels quels lors de BB, évitant ainsi la notion de granules.

Ces granules importés, où trouveraient-ils de la place dans un Oom déjà plein ?

Nous nous répétons… c'est l'âge…

La notion de granule est bien utile pour expliquer comment se forme le noyau, la matière proprement dite. Les quantums étant de l'énergie dynamique, ils sont essentiellement dispersables, incapables de maintenir leur intégrité à moins d'avoir un support. C'est tout de suite beaucoup plus compliqué. La Foudre en boule dépend d'un noyau … gardons notre modèle tel qu'il est.

D'ailleurs dans la Genèse on lit : Elohim dit : que la lumière soit ! il ne dit pas Que la lumière entre !

Commentaire peu scientifique destiné à la paix des croyants.

Nous concluons que le message porté par Alpha intervient sur la circulation de l'énergie du BB ; il agite le RET et fait que la circulation de son énergie soit irrégulière et forme des photons. C'est un évènement de la première importance car c'est par ce phénomène que de l'énergie informe prend une forme : le photon.

Ce message est ce que nous appelons Eros : Son origine est Alpha, un élément externe à Oom, un élément dont la source est l'**AUTRE**.

Cette explication nous montre qu'Eros est Créateur.

La Création débute à cause d'Alpha qui apporte

> de l'énergie dynamique
> Eros, l'onde, le message qui est la cause principale de la formation de particules, la première cause de création dans la première évolution de Ga.

Cependant l'influence de Ga ne doit pas être sous-estimée car c'est

> Sa structure qui organise la distribution de l'énergie dynamique et fait apparaitre
> en Mu une vague qui fait des monts et des vaux mobiles dans le RET

et dans le RET, par ses granules, cause la distribution de l'énergie en quantums.

Thanatos, de plus, concrétise l'énergie en photons grâce à l'élasticité des granules.

Le premier pas de l'évolution est la création du monde minéral, le deuxième pas sera la création de la biosphère, le monde de la Vie.

Comme Eros est un créateur et comme son nom est associé à d'anciens mythes, pour éviter de le faire voir comme un Dieu par association culturelle, nous lui donnerons un autre nom. Au lieu d'Eros, nom que nous utiliserons alternativement car il est connu et sympathique, nous l'appellerons 'Patron'.

L'avantage du mot Patron c'est son ambiguïté.

Eros, le Patron est peut-être

> Le Patron de l'atelier qui dicte ce qui doit être fait ou évité, une sorte de dieu, quoi ?
> Le patron du tailleur, modèle qu'il faut suivre attentivement mais qui n'est rien d'autre qu'un objet pratique.

Dans un cas comme dans l'autre le Patron ne met pas la main à la pâte directement.

Il va falloir imaginer comment une onde simple – le Patron – parviendrait à créer la Nature que nous connaissons ou, restons modestes, nature que nous observons et dont nous sommes.

Le fait qu'il y ait eu intervention d'un Patron causant un accident qui amena création et évolution ne nous dit toujours pas qu'il y a un ou plusieurs Dieux ; rien ne nous empêche non plus de croire qu'il y en a.

Dans certains textes nous l'écrivons Patron'', la double apostrophe est un clin d'œil à la cabale.

Il nous semble que la force, le facteur qui influence la répartition toujours plus concentrée de l'énergie dynamique est l'Onde Première – Alpha – qui circule en Ga dès le début, avant même que se forment les premiers photons. Alpha, onde qui circule depuis le début et ne cessera jamais de circuler.

Elle est toute puissante puisqu'elle affecte l'Oom tout entier.

Alpha aurait trois effets, l'un après l'autre.

Dans un premier temps cette onde, le Patron force le Ga à accepter que se forment des photons puis de la matière quand au contraire Ga veut stopper toute irrégularité spatiale

- puis dans un deuxième temps Alpha pousserait à l'augmentation du nombre d'évènements à mesure que Thanatos parviendrait à détruire la matière. C'est la création.
- Comme troisième effet, Eros causerait l'Evolution.

Alpha pourrait être l'énergie forçant l'alignement, influençant l'évolution, contraignant la matière, la création à respecter le message qu'elle porte, la forme de l'**AUTRE**.

Pour le Modèle B, Création et Evolution sont deux processus distincts.

Dans la création :

- les objets seraient formés au hasard par l'interaction énergie dynamique -Ga, puis évolution :
- les objets ainsi formés seraient supportés ou non, auraient une existence un peu plus longue que celles des autres aléas, selon qu'ils résonneraient avec le message porté par Alpha ou quelqu'un de ses harmoniques.

Cette action qui cause l'évolution pourrait n'être qu'un processus de résonnance.

Ce qui est créé l'est par observation des lois de la physique dans le premier stade d'évolution et par observation des lois biologiques dans le second stage.

Etant donné qu'Alpha copie la forme de l'**AUTRE** dans son contact avec Oom, si Alpha est le moteur de la première phase d'évolution, on pourrait conclure que l'évolution copie l'**AUTRE** – et ceci en son absence et sans sa participation.

Voilà qui pourrait plaire aux théistes.

Mais, tel que nous le voyons jusqu'à présent, même si Alpha joue un rôle, la création est le fait de l'interaction énergie-Ga, le rôle d'Alpha est un rôle de soutien, de sélection, pas directement un rôle de création. Il n'influence pas la création mais il influence l'évolution.

23. Formation de matière

Le premier évènement a été le choc, BB.

Le deuxième évènement c'est la formation de photons à partir de l'énergie de BB.

Nous pourrions dire : 'une partie' de l'énergie s'est changée en photons, mais à ce point de l'Histoire, comme il n'y a rien à agiter, il est possible, probable que toute l'énergie se soit concentrée en photons, sauf, bien entendu, celle qui agite Mu.

Plus tard dans l'Histoire une partie de l'énergie ne se trouve plus en photons, elle est dans la matière et elle est dans l'agitation de la matière par les explosions par exemple, explosions atomiques, explosions de la poudre, explosions de la mauvaise humeur ou de la passion, et dans tous les déplacements.

Nous pouvons imaginer qu'en premier le nombre de photons est extrêmement élevé. La Science dit qu'au début la température de l'Univers – Oom pour nous – était très élevée.

Le Modèle B partage cette opinion : nombre particulièrement élevé de photons.

Nous savons que la vélocité de la lumière dépend de la force gravitationnelle : plus le champ gravitationnel est puissant, plus la lumière est lente.

Nous avons établi que le champ gravitationnel est plus puissant près des masses et que plus la masse est élevée, plus ce champ est puissant.

Nous savons aussi qu'au début de la création il n'y a aucune masse en Oom et que, par conséquent, le champ gravitationnel est aussi faible que possible. Nous pouvons donc conclure que la vélocité de la lumière, au début de la création, était aussi élevée que possible. C'est peut-être la raison pour laquelle la température de l'Univers était aussi élevée que ce que la Science a découvert :

> Nombre de photons le plus élevé de l'Histoire
> Vélocité des photons la plus élevée possible.

Ces conclusions sont possibles pour notre Modèle où Oom est un univers clos.

24. Formation des objets

Il faut revenir au photon.

Sa description avance bien. Nous l'avons décrite dans l'ordre de sa composition. Il reste encore quelques détails qui ne nous satisfont pas beaucoup, mais nous avons bon espoir qu'ils s'arrangent. Ils ne peuvent pas être très loin de la réalité.

Cependant, si nous découvrons qu'il faille tout changer, nous le ferons parce que ce qui compte c'est la vérité. Nous ne sommes pas des savants membres de quelque académie.

Nous n'avons pas à serrer les rangs pour faire face à la concurrence.

Nous avons vu que le photon est de l'énergie dynamique qui se présente en quantités fixes, stables, en quantums.

Le milieu dans lequel passe le photon est le RET composé de granules. Comme le quantum est de l'énergie dynamique il est perpétuellement en mouvement. Il passe donc d'un granule à un autre. Ce serait une vaguelette, mais sans enveloppe solide la vaguelette se disperserait et se mélangerait aux autres. Il nous faut le granule.

Comme le quantum n'est qu'énergie, s'il se loge dans le granule c'est que le granule a une substance et des limites. Sous l'influence du quantum le granule se gonfle en proportion de l'énergie de ce quantum ce qui nous confirme que le granule a une substance.

On peut trouver un peu fastidieux ces répétitions des mêmes informations, mais elles sont essentielles dans notre modèle et absolument éloignées de tout ce que la Science proclame. Il faut éviter de sauter par-dessus ces points : lire nécessite une attention soutenue, ce que nos téléphones ne nous permettent plus.

Voilà un rappel de la complexité de l'univers. Ces éléments mystères resteront mystère pour nous. La Physique pense qu'il y a bien des 'quelques choses' de tout petit composant l'Ecume quantique, mais elle n'en sait pas plus. Sur ces points les deux théories, celle de l'imagination débridée et celle de la Science sont fort proches dans leurs conclusions et dans leur ignorance.

L'effet du quantum sur le contenu du granule est identique à l'augmentation de pression en réponse à l'augmentation de chaleur dans un récipient fermé.

Le photon est accompagné par une onde subliminale, nous l'avons vu, onde en Mu qui prépare le chemin pour que, quand le quantum sort du granule où il se trouve, le granule suivant soit prêt à le recevoir. L'onde subliminale fait que la trajectoire du photon est pratiquement linéaire.

Spéculations tout ça !

Pourquoi le quantum sort-il du granule où il se trouve ? parce que c'est de l'énergie dynamique et qu'il a donc tendance à se déplacer.

Comment sort-il et comment est-il reçu ? pourquoi ne se disperse-t-il pas entre les deux granules ?

c=ça

Comment se peut-il que des millions de messages s'entrecroisent dans le RET comme le démontre le WEB s'il n'y a pas de champs ? des supports presque magiques ? si tout est supporté par des granules qui se déplacent même pas ?

Mais n'observons-nous pas un phénomène semblable lorsque nous parlons dans un endroit bruyant ? On entend plusieurs voix, de la musique, des bruits de moteurs, des alarmes tous signaux portés simultanément par l'air, par les molécules de l'air qui ne se déplacent pas.

Il nous reste tout de même à découvrir **comment sont apparus les centres de pression négative**, la fondation des noyaux d'atome, le principe,

la cause de la gravitation.

La Science n'a toujours pas compris l'attraction universelle, mais comme nous sommes dans un monde à espace enclos, nous y parviendrons peut-être.

Nous n'avons dans l'univers, jusqu'à présent, rien que des quantums, de force positives, explosives même. Nous avons indiqué plus haut que nous avions trouvé le mécanisme sous-jacent, la manière dont l'énergie de BB a fait naitre des forces d'attraction, nous allons vous le révéler.

C'est en nous relisant que la clef nous est sautée aux yeux ; elle est si logique que nous avons immédiatement biffé toutes les théories que nous avions présentées. Aucune d'entre elles ne nous avait convaincu.

Nous avions écrit la solution très tôt dans le texte, mais nous ne nous en étions pas rendu compte.

Eureka !

Nous avions écrit :

« Les pressions se communiquent d'un granule au suivant de sorte que si l'un d'entre eux est comprimé, un autre est étiré. »

Nous avons établi que le quantum est né lorsque Mu a écrasé un granule. Cet écrasement a stimulé le contenu du granule qui a réagi en formant une vague ; un quantum.

Mais en même temps un autre granule, un voisin a été étiré violemment.

Nous sommes dans un milieu fermé !

Le granule a une certaine pression de base ; il peut être comprimé ou étiré avons-nous dit.

S'il est étiré, une onde de pression négative aspire brutalement ce contenu qui réagit en créant une vague qui va se déplacer – nous l'avons vu pour le quantum – mais dans cette autre situation, la vague ne sera pas positive, une augmentation de pression, mais au contraire négative, une vague de succion. Cet étranglement parcourt la longueur du granule avant de passer au suivant.

Pour faciliter la conceptualisation d'une onde négative qui se déplace, imaginez une boule de papier dans l'eau d'un tube qui se vide, un siphon. Si le tube est assez élastique, encore mieux, on peut observer l'étranglement qui progresse indiquant où se trouve la pression négative.

La pression dans la vague ainsi créée sera négative, écrasant le granule. Ce granule occupera un volume inférieur au volume moyen des granules et inférieur à tous les granules contenant des quantums. L'onde négative passera à un granule voisin comme le font les quantums. Ces granules occupent un volume inférieur à celui de tous les autres et c'est la raison pour laquelle existe autour d'eux un zone d'étirement du RET – pas d'espace vide ! – et c'est donc la cause de la gravitation.

La pression négative est apparue !

Ce granule à pression négative, né en parallèle à la formation de quantum, laisse la place aux autres granules.

Nous devons nommer ces 'particules' qui sont le centre réel des Objets.

Notre description est bien plus satisfaisante pour l'homme moyen que l'énoncé de particules ponctuelles ; elles nous donnent la première explication de l'attraction universelle.

Nous pourrions les appeler 'antiquant' pour faire pendant aux notions matière antimatière. Nous pourrions les appeler 'négaquantums'. Nous préférons quelque chose de plus simple. Comme ils sont le contraire des quantums, nous allons utiliser les mêmes consonnes mais en sens inverse.

Ce seront les Tanqs en inversant les consonnes de quantum. Mais Tanq c'est un rien agressif, macho. Ces particules au contraire aspirent, sucent, comportement plus yin que yang.

En nous servant des autres consonnes de quantum, nous formons 'Manque'.

Nous allons les appeler 'manques' : Manque c'est négatif, un manque c'est un défaut, un espoir. Ce sera donc un mot féminin. Les manques créés en même temps que les quantums, une fois pour toute au début de la création par l'effet des ondes en Mu sur les granules du RET.

Nous avons donc, dans le RET, dès le début de la concrétisation de l'énergie dynamique, formation de quantums explosifs et de manques, implosifs.

De par leur force négative, leur force d'attraction, les manques sont attirées les unes par les autres, elles s'agglutinent et la matière se constitue.

Cette découverte des manques nous force à revoir les points I. II et III. dont nous étions si fiers.

I. A la fin de la destruction de tous les types de particules il restera bien plus que des photons.
II. **Le photon est un phénomène**, ça c'est exact
III. Les particules de matière ne sont pas que des agglomérats de photons mais principalement des collections de manques. Les objets sont des activités brèves de granules, granules qui sont stimulés ou par des quantums ou par des manques, rien de permanent. **Les objets sont bien des phénomènes.**

Les manques génèrent-ils tous la même pression négative ?

Comme les ondes en Mu sont irrégulières, toutes sortes de photons sont créées ; ils n'ont pas tous la même énergie ; pour la même raison les manques ne sont pas tous identiques.

Souvenons-nous de la force S qui ne parvient pas à écraser les protons au-delà d'une limite commune. Nous avions conclu que cette limite à la compression est due aux limites de compressibilité du contenu des granules.

Maintenant, dans la formation des manques nous faisons face à la même limite. Il y a une limite supérieure à la force négative que peut produire un manque.

Pour donner un exemple concret, imaginons des plongeurs dans une piscine ou dans la mer. Ils ne plongent pas tous aussi profond les uns que les autres, mais aucun d'entre eux ne peut aller plus profond que le fond de la piscine ou que le fond de la mer.

Et donc, au moment où furent formés les quantums, une quantité identique de manques est apparue. Mais alors que les quantums représentent toutes les quantités possibles de pression positive, les manques se distribuent en deux populations.

Il y a d'une part ceux dont l'énergie est bloquée comme l'est la force S, et pour la même raison. Il y a donc un seuil à la force des manques. Tous ceux qui auraient pu produire une force négative supérieure à ce seuil forment un groupe uniforme. Nous pensons que ce sont ces manques-là qui sont les éléments clefs de la composition des gluons, quarks, neutrons et électrons.

Le reste des manques, les manques à énergie inférieure à cette limite ne forment aucun objet. Ils sont distribués au hasard à travers le RET tout entier. Ces manques faibles nous les appellerons manques-manqués ou minimanques.

L'excédent de succion qui n'est pas exprimé par les manques-limites, n'est pas dissipé ; il entre dans la formation d'autres minimanques.

Quelle que soit la façon dont les manques forment la structure essentielle des particules à trois dimensions, à masse, ils sont les seuls responsables de l'attraction universelle. La force d'attraction d'un corps, sa masse, est proportionnelle au nombre de manques-limites qui le composent.

Ceci signifie que si, à la fin de l'explosion atomique on note une perte de masse, c'est qu'il y a eu perte de manques.

Où sont-ils passés ?

Il est probable que certains manques aient été arrachés à l'armature de quelque quark par la pression et la haute température qu'on trouve alors dans le RET. Une partie de cette pression vient des granules qui se repoussent les uns les autres et non directement de quantums. Nous avons déjà vu ce phénomène dans la formation de l'onde du photon.

Mais ces masses perdues par la matière du début se trouvent

maintenant dans les particules émises et sont comptées dans la détermination de la masse finale.

On peut supposer que l'explosion accapare un grand nombre de granules empêchant ainsi quelques manques à trouver des granules vides où poursuivre leur chemin. Dans ce cas, l'onde négative qui est énergie est contrainte à faire demi-tour à l'intérieur du granule ; son onde négative se change en onde positive comme la vague change de direction quand elle est bloquée par un mur.

Un peu douteux comme explication.

Il est aussi possible que l'énergie de l'explosion détruise l'une des structures essentielles des particules élémentaires, disons par exemple d'un quark.

Des manques seraient libérées et ne parviendrait pas à entrer dans la formation de nouvelle structure stable : elles seraient alors libres dans l'espace, s'ajoutant à la liste de manques non fixés, la liste des minimanques.

Etant libres elles seraient aussi indétectables que tous les minimanques.

Ça, c'est à étudier par les physiciens.

Cette idée d'un changement possible d'une onde négative en onde positive à l'intérieur d'un granule n'est qu'une possibilité. Ce n'est même pas un postulat.

Nous n'en savons pas assez sur la formation de l'onde à l'intérieur du granule.

Cette onde à l'intérieur du granule dure plus ou moins selon la grosseur du granule, mais elle va toujours à la vitesse de la lumière… ça aussi nécessitera bien des études. Trop avancé tout ça pour les limites du modèle B.

Le modèle B nous libère de fixations comme la théorie de l'expansion ou l'existence de particules concrètes se déplaçant dans un espace mal défini, mais en même temps il nous impose de nouvelles contraintes.

Si la force négative de la manque résout le problème de la gravitation, tout changement de la masse doit être justifié par des changements dans le nombre de manques en présence.

Ce qui veut dire que notre suggestion de perte de manques lors de l'explosion atomique répond à une nécessité du modèle. Si cette suggestion ne fait pas l'affaire, il faudra en trouver une autre, trouver où vont les manques qui disparaissent et comment elles le font.

Il y a une autre situation où la masse change sans que, à première vue, il y ait introduction ou élimination de manques. Nous pensons à <u>la dilatation du temps</u> décrite par la théorie de la relativité.

Quand un mobile s'éloigne d'une référence géographique fixe, dans le cas par exemple d'une fusée qui s'éloigne de la terre, le temps à bord est ralenti par rapport au temps au sol.

Nous avons établi que si le temps se ralentit par rapport à un autre lieu, c'est parce que ses granules sont plus gros que ceux de la référence. Dans l'exemple de la dilatation du temps, là où le temps est plus rapide les granules sont plus réduits ; là où le temps est plus lent ils sont plus gros, plus rapides à la montagne qu'à la mer.

Si nous rapportons cette information à la fusée, comme le temps dans la fusée est plus lent, c'est que ses granules sont plus gros. Il est certain que la fusée a plus d'énergie, c'est-à-dire plus de quantums, et on pourrait penser que ses granules sont assez petits ; le temps devrait y être accéléré... mais c'est le contraire qui se passe : plus la fusée est rapide, plus, en elle, le temps est lent. Ce qui nous enseigne que son énergie cinétique n'a rien à voir avec la lenteur de son temps.

Pour le dire en termes de physique relativiste : d'une certaine façon son potentiel gravitationnel est plus élevé.

Tout se passe comme si sa vitesse causait la génération de manques additionnels.

Et ça, pense la B-cadémie, ça ça n'est pas possible. Les quantums ne se changent pas en manques.

Nous imaginons deux possibilités :

1. Certains quantums se changent en manques, mais comment et pourquoi?
2. Lorsque la fusée se déplace, elle est affectée par les forces négatives des manquesmanqués.

Cette possibilité nous parait plus possible ; mais nous allons devoir expliquer un peu pourquoi.

Qu'appelons-nous manquesmanqués ? nous l'avons vu.

Ce sont les manques plus faibles que celles qui sont utilisées dans la création de particules à trois dimensions. Elles forment une population aussi variée que celle des photons, certaines presque au niveau limite, d'autres presque impotentes. Elles sont clairsemées dans le RET tout entier.

Matière Noire, ou en termes politiquement correcte, Matière Obscure.

On estime qu'il y a plus de matière noire dans l'univers que de matière visible.

D'où vient ce concept de 'matière obscure ?

Comment nous rendons-nous compte qu'il y a de la matière en un endroit quelconque ? nous le savons grâce à nos organes des sens depuis l'odorat, jusqu'au toucher. La vue nous permet de détecter la matière de loin. Les instruments inventés petit à petit nous permettent de détecter des messages inaccessibles, par exemple les systèmes solaires et les galaxies ; mais ces informations ne sont pas totalement fiables ; ce sont des informations qui dépendent de trop de facteurs.

On détecte une planète dans le système solaire, mais parfois c'est plus une conclusion mathématique qu'une observation directe : il se peut que cette planète n'existe pas.

Mais imaginons que nous désirions observer un astre très éloigné. Nous le faisons avec la supposition que la lumière ou l'information qui nous parvient a suivi une ligne droite. De fait, il est très probable que la trajectoire de ce faisceau de lumière ou de ce champ gravitationnel que nous croyons simples nous informe qu'il y a des obstacles sur la route, des obstacles que nous ne parvenons pas à identifier : on en déduit qu'il y a quelque chose de presque matériel et invisible, indétectable directement : de la matière invisible, de la matière noire.

De fait, pour le modèle B, la cause de cet effet, de ces altérations de trajectoires, de modulations de vélocités et autres variances est due en partie à un manque d'uniformité de la tension du RET.

La relaxation du RET prend place dans l'univers entier, mais il y a des irrégularités parce qu'il y a des masses un peu partout, des déplacements dans toutes les directions, des changements violents de tension – la fameuse onde prédite par Einstein – tous facteurs qui font que les informations captées mènent à des conclusions suspectes.

Tout ce qui est détecté sont des effets de la tension locale du RET, tension qui varie en fonction du temps et en fonction de l'influence des évènements.

Mais ces spéculations ne suffisent pas à justifier la majorité des observations qui ressemblent à des effets gravitationnels, à la présence de matière là où on ne voit rien.

Il n'y a pas de matière en vue, et c'est pourquoi on a postulé la présence de 'matière noire', quelque chose qui a le même effet sur la lumière et sur les masses que des masses, que la matière, mais invisible.

Souvenons-nous des manques faibles, celles qui ne sont pas parvenues à entrer dans la composition de la matière et qui se trouvent partout dans l'espace, les minimanques, les manquesmanqués. Ce sont elles les responsables. Ce sont des points de pression négative comme le sont les noyaux et les leptons. Elles ne sont pas assez puissantes pour participer à la formation de particules – un processus dont nous ignorons tout --. Elles sont nombreuses et sans doute altèrent les informations comme la matière, générant des points de pression négative. Ce sont ces manques faibles qui sont perçues comme matière noire.

Comment la matière noire a-t-elle été détectée ?

Elle ne l'a pas été justement, elle est un concept qui permet d'expliquer certains phénomènes, certaines irrégularités entre le prévu et l'observé.

Si elle a été nécessaire c'est qu'elle a des rapports avec la matière connue. Rapports signifie influence. La matière obscure n'a pas été isolée, mais au moins elle a un effet sur les évènements.

Il se peut que ce soit une colle additionnelle qui participe à l'architecture de la matière, associant, par exemple, les divers quarks.

Nous ne nous lancerons pas plus loin en spéculations ; il se peut qu'elle explique en partie les masses perdues pendant les explosions atomiques.

Tout ceci n'est qu'un ensemble de suggestions pour que les Savants rêvent de nouveaux champs de recherche. Le Modèle B ne s'aventurera pas plus avant.

Revenons aux minimanques.

Les minimanques seraient éparpillées de façon aléatoire dans le RET tout entier, et même dans les objets matériels.

Ne pas oublier que les objets sont des jeux d'ondes dans le RET et que les granules qui les supportent ne forment pas un obstacle à d'autres ondes. Pour prendre un exemple connu de tous les rayons X traversent la matière, les rayons cosmiques encore plus.

Les rayons X sont des photons, les minimanques ont la même dimension que les photons : concluez. Il y en a certainement qui traversent la matière, qui s'y trouvent. Ils traversent tout, mais ce n'est pas sans effets. Nous avons vu que la matière noire a des rapports avec la matière, ce qui a poussé à conclure qu'elle existe.

Avant le décollage, il y en a autant dans la fusée que dans l'espace alentour.

L'image qui nous vient à l'esprit est celle de l'enfant à la plage qui poursuit les bancs de petits poissons avec son épuisette. Le nombre de poissons encerclés par l'épuisette dépend de la vitesse de son mouvement.

Se pourrait-il que de la même façon le mouvement de la fusée augmente le nombre de minimanques encerclés dans l'appareil et par suite augmente l'influence de ces points de pression négative : la pression négative dans la fusée serait augmentée comme s'il y avait plus de manques. Par suite le temps dans la fusée serait ralenti par rapport au temps à terre, et ce d'autant plus que la fusée irait plus vite.

Comme ce serait un effet de type manque, la masse de la fusée serait augmentée elle aussi.

Pouvons-nous attribuer le label Hypothèse à cette idée ? et même le changer à postulat ?

C'est un problème que les mathématiciens résoudront sans aucun doute.

Il n'y a pas de granules positifs ou négatifs, il n'y a pas d'énergie positive ou négative, rien que des manifestations positives ou négatives de l'énergie dans les granules.

Nous ne nous lancerons pas plus avant dans ce problème, mais notre modèle est très ferme sur ces points : si la quantité de matière diminue, c'est qu'il y a perte de quelques manques. Cette perte est accompagnée de la libération de nombreux quantums.

Ce que nous venons de dire sur les manques qui se trouvent dans les particules – gluons, quarks – est valide également pour les manques qui forment les leptons – positrons, électrons… - les leptons sont formés de manques comme le prouve le fait qu'ils ont une masse.

On peut imaginer une autre explication au ralentissement du temps dans le véhicule en mouvement, une explication ne se servant pas des minimanques.

Si le véhicule est en mouvement c'est qu'il est poussé par des quantums. Plus il y a de quantums qui le poussent, plus il va vite. On peut imaginer cette accumulation comme une bosse.

L'accumulation de quantums agit sur le véhicule tout entier, de l'extérieur : les voyageurs ne sont pas écrasés.

S'ils ne sont pas écrasés, c'est peut-être parce que le véhicule tout entier compense la pression de ces pressons en créant un vide, une pression relativement négative ; un domaine où la densité en granules est moindre et où le temps est ralenti, lieu où la masse, la force de succion, de cohésion est plus élevée.

Il faut concevoir que l'univers ambiant a son influence mécanique sur le véhicule et que ce pourrait être en ajustement à cette influence externe que les granules à l'intérieur du véhicule sont plus étirés que les granules ambiants.

25. Evolution de la matière universelle

La formation de matière est de courte durée.

La quantité d'énergie qui est entrée dans Oom par BB est limitée, et cette limite a des conséquences.

Nous devons toujours nous souvenir qu'Oom est un volume clos, fixe. L'énergie y est entrée en une seule fois, elle y restera pour toujours, en quantité inchangeable – où irait-elle ? – sous diverses formes – matière, mouvement, information… - à moins qu'à son tour Oom entre en contact avec un autre 'quelque chose' qui se trouverait dans l'espace absolu qui l'entoure.

En toute honnêteté, rien ne nous assure que la fin du monde en Oom sera la fin du monde…sommes-nous certains qu'il n'y aura pas, avant même la disparition de toute la matière, un autre choc avec quelque autre objet existant dans le Vide Absolu ?

N'importe quand…

La formation de matière diminue nécessairement la quantité de photons circulant libres dans l'espace, certains entrent peut-être dans la formation des électrons et positrons, d'autres se heurtent à des objets, perdent leur état de photon et se convertissent en moteurs, en pressons.

Résultat ? la température interne de l'Oom diminue. En même temps la formation de matière étire le RET entre les particules.

L'étirement du RET a un effet sur la vélocité des photons, nous l'avons déjà vu. Comme les granules sont étirés, la vélocité de la lumière décroît.

Quand la température générale a assez baissé, les photons et leurs dérivés sont incapables de former de nouvelles particules, de la matière neuve.

Nous pensons que c'est ce manque d'énergie libre qui interdit que se forme encore de la matière; ce pourrait être aussi parce qu'il ne restait plus de manques-limites en liberté.

Nous en concluons donc qu'il y eut un moment où la formation de matière cessa pour ne jamais reprendre.

En cet instant, Oom a contenu plus de matière que jamais.

La quantité de matière dans l'Oom, dans l'univers avait atteint son sommet.

Et la désintégration de la matière commença.

La matière se désintègre spontanément, de façon continue et irréversible.

Une partie de la désintégration a la forme de radioactivité, processus assez lent. Il y a aussi des désintégrations brutales comme dans la formation et l'évolution des étoiles.

Il faut savoir que la quantité de matière de l'univers diminue avec le temps qui passe ; et c'est pourquoi il y aura une fin du monde : il y aura un moment où il ne restera pas de matière à désintégrer.

Le processus de désintégration est maintenant le seul à changer la quantité d'énergie accumulée en matière et celle d'énergie libre circulant sous forme de photons et leptons et d'agitations informes de toutes sortes.

Il faudra revenir sur ce point.

Rien ne freine cette nouveauté.

Sous forme de matière le passé contient plus d'énergie potentielle, que le présent – énergie fixée en matière – et la vidange de la matière se poursuit dans la direction que nous observons : elle est fonction du Temps.

Il convient de se souvenir qu'il y a un Temps Absolu qui est indépendant de ce qui se passe dans l'Oom.

Cette note nous permet d'intégrer

> les observations scientifiques de la haute température de l'univers primordial,
> la description du photon par B-cadémie et
> la formation de particules de matière à masses à partir de manques.

C'est dès la formation des premières 'masses' que le processus de désintégration constante de la matière commence à changer le monde. Cette désintégration se fait en grande partie par les soleils.

Le processus de désintégration diminue la tension moyenne du RET hors-particules et augmente, on pourrait dire rétablit progressivement la densité moyenne en granules du RET.

Pourquoi rétablit ? parce que la tension moyenne hors-particules était très basse avant la formation de matière, puis qu'elle a augmenté jusqu'à un point maximum quand la formation de matière atteint son acmé.

Nous avons vu en parlant de l'atome, du point Ax et de la surface de la Terre que les vélocités dépendent en partie de la densité en granules du RET.

Introduisons une suggestion additionnelle. Los ondes qui se forment dans les granules, les quantums, se déplacent à une vitesse constante à l'intérieur du granule. Quand le granule est plus étiré il faut plus de temps pour que l'onde le parcoure en entier. Nous pensons qu'il y a un rapport direct entre les vélocités en un lieu et la durée de l'onde interne, durée qui dépend de la taille du granule.

Malheureusement nous n'avons pas la moindre idée de ce à quoi cette intuition pourrait bien nous servir. Autre cadeau aux futurs chercheurs.

Comme la densité moyenne en granules du RET hors-particules est en perpétuel changement, en croissance continue, les vélocités universelles changent en fonction du temps. Tout s'accélère.

C'est le facteur temps de la relativité d'Einstein.

C'est l'effet de la désintégration qui cause la courbure du continuum espace-temps.

Comme l'univers se manifeste dans un volume clos, l'Oom, ce changement de tension du RET est semblable à un changement de pression dans un ballon : c'est un effet qui a lieu et qui est perçu en même temps partout et dans toutes les directions.

Le temps qu'il faut pour aller de A à B diminue et c'est pourquoi il semble que la distance ait diminué, raison pour laquelle le temps est vu comme une quatrième dimension.

Nous y reviendrons.

Le premier résultat de cette force gravitationnelle c'est la formation de particules de plus en plus lourdes ; les manques et les quantums s'accumulent les uns sur les autres et l'attraction universelle leur interdit de retrouver leur liberté à partir du moment où ils sont collés au noyau qui se forme. Il reste tout un tas d'étapes à décrire, et nous le ferions volontiers si nous avions la moindre idée de ce qui se passe exactement.

Ce n'est qu'à la fin de la création, lorsque toute la matière aura été désintégrée que ces quantums retrouveront leur liberté. Quant aux manques, seront-ils libérés ? probablement pas ; mais on n'en sait pas assez sur les noyaux noirs (les trous noirs) pour se lancer dans des spéculations.

Nous nous permettons d'indiquer dès à présent que le processus de création n'est pas cyclique car les photons de la fin ? s'il en reste, sont organisés, porteurs d'information, le contraire du chaos.

Nous en parlons plus loin.

26. Première étape : le Monde Minéral

Galaxies

La matière est soumise à un puissant processus de concentration en galaxies, processus qui semble contredire la théorie de l'expansion de l'univers parce que la galaxie est une compression, le contraire d'une expansion.

Les galaxies se forment à cause de la tendance qu'ont les morceaux de matière à se rapprocher les uns des autres. La cause en est la gravitation universelle qui est due aux caractéristiques du continuum espace-temps dit la Science, due à l'existence de matière, due aux caractéristiques du Ga, due à l'existence des manques et due à la relaxation du RET en fonction du temps.

Ga et continuum sont à peu près la même chose sur ce sujet.

Et si nous établissons la liste pour tenir compte de la désintégration et de son effet :

Oom, Ga, l'énergie dynamique, Thanatos, la détente progressive du RET qui cause la gravitation.

Nous sommes certains que l'Académie a les arguments qu'il faut pour qu'on oublie la contradiction gravitation-expansion qui saute aux yeux de l'ignorant.

Noyaux Noirs

A partir de maintenant nous ne dirons plus 'trous noirs' mais Noyaux Noirs pour parler des masses qui se forment. Disons pourquoi.

Nous avons déjà vu que la gravitation est plus une chute qu'une attraction. Einstein dit la même chose. Les masses se poussent les une vers les autres parce que le RET est plus étiré entre elles que partout ailleurs. Les galaxies sont des ensembles d'astres, soleils et planètes qui s'organisent et construisent une entité.

Les galaxies elles-mêmes sont contraintes à la tendance générale de gravitation ; elles se rapprochent donc. Leurs zones d'étirement du RET s'additionnent et ainsi se forme entre elles une aire virtuelle de tension maximum, de densité minimum.

Les galaxies s'organisent en spirales de plus en plus resserrées.

L'addition des tendances gravitationnelles de chacune s'ajoute à celles des autres ;

C'est l'une des façons dont se forment les Noyaux Noirs.

Tous les Noyaux Noirs sont entourés d'une zone où l'étirement du RET est maximum, zone où les vitesses sont très réduites au point qu'à la limite on pourrait dire que ce qui s'en approche ne bouge pratiquement pas.

Nous avons vu l'effet de l'étirement du RET sur les vélocités, donc pas de surprise.

Il y a plusieurs descriptions des noyaux noirs, plusieurs descriptions de ce qui se passe à l'intérieur mais aucune n'est très convaincante et c'est pourquoi il y en a tant.

Nous avons lu que certains poussent la description de l'effet de la puissance gravitationnelle au point de prédire la présence d'une 'singularité' au centre ; à la limite, le contenu du Noyaux Noir pourrait alors échapper de cette énorme pression en s'infiltrant dans la singularité pour aboutir dans un autre univers, un autre plan. La science-fiction partout !

Le modèle B ne peut pas parler des Noyaux Noirs faute de

données et faute d'analyse. Le sujet ne nous parait pas de première urgence car l'influence maximum possible, celle qui pourrait nous livrer la situation en Oom à la fin du Monde, agirait dans un avenir si lointain qu'elle ne touche aucun d'entre nous.

La seule question, peut-être, serait de savoir à quel point se sera avancée la destruction de la matière lorsque tout ce qui bouge aura été capté par un ou plusieurs Noyaux Noirs.

Spéculation pure, nous en parlerons brièvement.

Mais pour le moment contentons-nous de dire que pour le modèle B le Noyau Noir (le Trou Noir) n'est qu'une masse. Cette masse est entourée d'une zone de tension du RET parce qu'elle est faite de matière, d'atomes dans lesquels joue la force S. C'est donc, en quelque sorte, un énorme atome – on peut dire atome puisque ce mot signifie qu'on ne peut pas le couper.

Le 'Trou' Noir est donc pratiquement un Noyau ; il est probable que les électrons des atomes captés se placent à la surface, de poussant les uns les autres.

Nous éliminons le terme 'Trou' parce qu'il n'y a pas d'espace vide en Oom, et il est donc impossible d'y créer un trou.

De plus la structure interne des granules nous enseigne qu'il y a en eux un contenu dont la compressibilité a une limite. La compression dans le Noyau Noir est donc limitée.

Insistons : la masse qui peut se former n'a pas de Trou, la compression de la matière a des limites.

Notre modèle contient du solide, même si nous affirmons qu'il n'y a pas d'objets matériels.

Ce qui est solide c'est le granule composé sans doute de divers éléments solides eux aussi, et c'est aussi le contenu du granule composé lui aussi de divers éléments : on peut parler de facteurs ou pour imiter la Science parler de dimensions.

Sans oublier Mu qui est concret lui aussi.

Ces structures qui se forment par addition de champs gravitationnels nous les nommons selon ce qu'ils sont : des Noyaux. Comme ils interdisent la fuite des photons qu'ils captent, l'adjectif Noir leur sied parfaitement.

Donc Noyaux Noirs.

Quant à leur contenu, pour le modèle B pas de grandes difficultés. Résumons : comme le Noyau Noir contient des atomes et comme les noyaux des atomes sont incompressibles, l'étirement interne du RET est probablement uniforme.

Il y a nécessairement une limite à la condensation du centre et à l'étirement superficiel.

Il y a une limite à la condensation du RET au centre de la galaxie, dans le Noyau Noir ainsi formé parce que, dans notre modèle tout est concret. Les granules peuvent être rapprochés mais pas au point qu'ils se superposent ou disparaissent.

Souvenons-nous de la force S et de son effet sur la taille du neutron. La compression est limitée par la résistance du contenu des granules, contenu concret, solide. Pour cette raison même dans les Noyaux Noirs, les noyaux et leurs éléments ne peuvent pas être comprimés au-delà de ce qui observé dans les noyaux des particules solides.

La force qui colle entre eux les atomes dans le Noyau Noir est la même force S , la force négative des manques.

Nous insistons avec fort peu de subtilité ; mais la résistance et les contrattaques auxquels il nous faudra faire face seront puissantes.

On fait déjà bien du bruit au sujet de cette structure, ce Noyau qui est encore imaginaire.

Notre postulat de base que l'Univers existe dans un volume clos ne permet pas d'imaginer que l'espace puisse être plié, courbé, comprimé et perforé.

Nous admettons notre ignorance absolue mais ne sommes pas certains que cette ignorance soit spécifique à notre modèle.

Sans noyaux noirs, la fin de l'histoire de l'évolution-création nous donne une image harmonieuse.

Revoyons-la : à la fin de l'histoire de la matière, pour le modèle B, lorsque tout a été désintégré et qu'il ne reste plus de matière, l'Oom est parcouru par des photons. Ces photons portent la description de tout ce qui a été créé au cours de l'évolution, et comme la sélection a appuyé ce qui ressemble au Patron, un peu à l'**AUTRE**, l'ensemble des photons, l'ensemble de Ga est à l'image du Patron, de l'**AUTRE** ; on dirait que toute l'évolution création a eu lieu pour donner une expression additionnelle au Patron.

Cette situation où tout serait photons diffère de la situation du début de la création parce que ces derniers photons portent des messages et que, étant trains, ils empêchent le RET de se détendre autant qu'il l'était juste après BB. Leur vitesse est donc plus faible.

Etant plus lents ils ne peuvent participer à la formation de matière. La boucle est bouclée.

Au diable la notion de singularité !

Mais il y a les noyaux noirs ! il y a les manques !

27. Soleil et Noyau noir

C'est une notion dont personne ne sait grand-chose, et la B-cadémie en sait encore moins.

Si la tension du RET freine et que la force de gravitation attire tout, les morceaux de matière et les photons vont se rapprocher du Noyau Noir à une vitesse de plus en plus réduite.

Dans notre univers clos, il y a bien une zone de freinage autour des noyaux et le Noyau Noir se comporte de la même façon freinant tout et attirant tout. Dans le cas du noyau de l'atome rien ne s'approche au point de le toucher.

Le Noyau Noir semble être un trou parce que tout semble y entrer, mais en fait rien ne rentre nulle part. A ce qu'il nous semble, ce ne serait peut-être qu'une sphère, sphère très compacte ; ou un disque. Le reste du RET serait alors aussi étiré que possible.

Inutile d'aller plus loin, notre ignorance est totale.

Le Noyau Noir est donc un ensemble qui grandit et qui s'étend : on peut imaginer qu'en fin de course toute la matière et tous les photons de l'univers auront été absorbés dans plusieurs noyaux noirs, et peut-être même dans un seul.

Le problème pour la B-cadémie c'est que tout est plein, qu'il n'y a pas d'espace vide.

Notons que si le Noyau noir se changeait en singularité, comme la création commence par l'explosion de la singularité, nous voyons que le Noyau noir ne serait pas stable en fin de compte, et que l'énergie qui s'y serait accumulée finirait par en sortir.

C'est du moins comme ça que nous comprenons ce que dit la Science Académique.

Il y aurait divers processus de formation de noyaux noirs.

Les soleils ont une vie.

Les soleils naissent.

Un nuage de poussières astrales se condense progressivement par la force de gravitation de ces poussières. Dans ces poussières de nombreux atomes légers, des atomes d'hydrogène. Progressivement une masse importante se forme ; localement le Ga se comprime.

Cette compression cause une accélération des particules au point qu'elles atteignent les vélocités nécessaires pour provoquer la fusion : le nouvel astre est une bombe H.

Ces hautes vélocités favorisent la formation d'atomes plus lourds. Le soleil étant une bombe atomique, sa température est très élevée et sa densité est faible. Il y a donc deux facteurs qui accélèrent les particules : les explosions atomiques et la condensation du Ga.

Quand l'astre a vieilli, qu'il n'y a plus d'atomes permettant les explosions, sa température baisse et sa densité augmente. Il devient de plus en plus compact car le seul facteur maintenant est la force de gravitation des particules qui le composent.

L'astre s'éteint et se compacte. Sa masse croît considérablement. Il comprime tous ses constituants et ensuite, comme sa masse a crû considérablement, il attire de plus en plus de particules : c'est un 'noyaux noir'.

Il y aura progressivement de plus en plus de noyaux noirs, des noyaux de plus en plus étendus.

On peut même penser qu'à fin toute l'énergie dynamique sera

fixée dans un Noyau Noir unique. Nous l'avons mentionné. Comme le Noyau Noir attire tout, depuis le photon jusqu'aux planètes et comme avec le temps la représentation du Patron est de plus en plus généralisée, on peut croire que certaines de ces représentations se trouveront en surface du Noyau Noir de sorte que le Patron sera représenté sous une forme solide pour le temps que se maintiendra le Noyau Noir, peut-être à jamais.

On en arriverait à l'image que nous préférons : un Oom plein de messages représentant le Patron sous tous ses aspects.

Il serait représenté de façon dynamique si tout ce qui reste sont des photons et les messages qu'ils portent, les évènements qu'ils reproduisent, ou représenté sous forme statique si c'est ainsi que se stabilise le dernier Trou Noir.

Les mathématiciens pourraient peut-être décrire la chose.

Notre modèle B peut survivre aux deux possibilités.

Nous avons dit que l'une des raisons pour lesquelles au début de la création, la création de matière a été interrompue pour ne jamais reprendre, peut-être parce que les vélocités ne sont plus suffisantes, la présence croissante de matière changeant la tension du RET et donc les vélocités.

Pourquoi alors, étant donné que désintégration de la matière diminue la quantité de matière en présence, pourquoi la formation de matière ne reprend-elle pas quand tout a été détruit ?

C'est parce que le Noyau Noir final contient tous les manques et donc étire le RET tout entier, y réduisant les vélocités.

Comme plusieurs facteurs interviennent simultanément, il nous semble que l'évolution de la vélocité n'est pas constante, ou, en termes de la Science, que l'expansion de l'univers ne se fait pas à une vitesse fixe.

28. Diminution de tension = déplacement du spectre

Pas la moindre expansion.

Revenons à la tension moyenne de Ga hors des particules, le Ga interstellaire.

Nous avons vu il y a peu qu'il y a eu une brève période pendant laquelle la quantité de masse dans l'Oom était maximum.

Pour cette raison le RET hors de la matière a été étiré au maximum.

Après ce bref moment, comme la désintégration spontanée diminue la quantité de matière dans l'Oom, la tension moyenne de RET hors-particules, la densité en granules du RET commença sa diminution progressive.

Le RET se relaxe à mesure que le temps passe.

Le lecteur voit, sans aide aucune, où tout ceci nous mène. Mais pour nous assurer que ses conclusions concordent avec les nôtres, regardons d'un peu plus près.

Dans un passé fort éloigné les astres ont émis de la lumière, concentrons-nous sur les photons bleus. Ils furent émis et circulèrent d'abord dans un monde où le RET interstellaire était particulièrement étiré, tendu.

Ces photons antiques ont circulé pendant des millions d'années, nous les observons maintenant dans un monde où la tension moyenne du RET est très inférieure, à cause de la désintégration.

Si dans un schéma nous comparons la situation de la tour de Pound-Rebka et la situation universelle en fonction du temps, nous voyons que les photons bleus émis au pied de la tour sont rouges en arrivant au sommet où le RET est plus relaxe, plus relaxe parce que plus éloignés de la masse de la terre.

Plus relaxe, ne l'oublions pas, signifie que les granules sont moins étirés, que les granules sont plus petits.

Voyez la similitude : dans le Pound-Rebka, rien que de passer d'une zone de tension élevée où les granules sont grossis par étirement à une zone de plus haute densité du RET, une zone où les granules sont moins étirés, le rayonnement bleu se change en rouge… il y a déplacement du spectre !

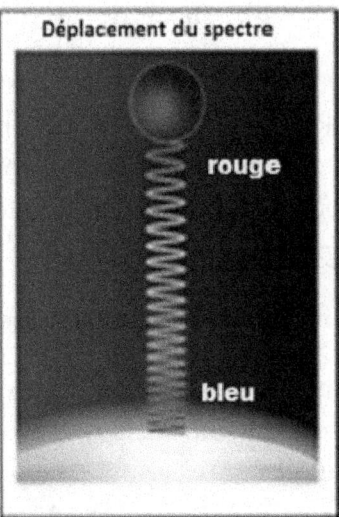

Déplacement vers le rouge allant du bas de la tour au sommet et allant du passé au présent

Densité du RET faible en bas de la tour,
Densité du RET faible au début de la création après la formation de matière –
Densité du RET plus élevée en haut de la tour,
Densité du RET plus élevée dans le Oom d'aujourd'hui suite à la désintégration de la matière.

Le schéma dit tout !

Pour notre modèle qui tient que le volume de l'Oom est constant, le déplacement vers le rouge du spectre des étoiles lointaines en fonction de la distance entre la source et nous observateurs, est dû à la perte de tension du Ga interstellaire, à l'augmentation de la densité en granules du RET qui accompagne la désintégration progressive, continue et perpétuelle de la matière. Je répète et répète parce que toute la théorie de l'expansion de l'univers est fortement remise en question par nos postulats.

Or, la théorie de l'expansion : c'est la Bible ! d'ailleurs Einstein lui-même l'a appuyée, c'est tout dire. Comment oserait-on ? Osons-nous ?

Osons !

Notre modèle ne nous permet pas de supporter la théorie de l'effet Doppler si important pour la théorie de l'expansion de l'univers.

Ce qui ne signifie pas qu'il n'y a aucun effet doppler. On en observe aisément dans les bras des galaxies et en quelques autres endroits. Mais pour le Modèle B, aucun besoin de croire en une expansion. La théorie de la Science est supportée par la tradition et par des noms célèbres ; la théorie du Modèle B est supportée par les visionnaires du passé.

La théorie de la Science est supportée par l'expérience quotidienne que la matière existe ; il n'y a pas tellement longtemps les théories de la Science supportées par les expériences de tout un chacun et par la logique allait faire brûler Galilée pour la théorie que la terre gravite autour du soleil ; croyance toujours rejetée par la majorité des humains.

Voyons voir si d'autres détails vous aideront à décider qui croire du rêveur isolé ou de la communauté scientifique.

29. Désintégration et fin du monde .... Çiva

La désintégration continuera jusqu'à ce qu'il n'ait plus de matière dans l'Oom.

Cependant dit la Science, avant que ça ait lieu, les Noyaux Noirs auront avalé un nombre toujours croissant de particules et certains pensent qu'à la fin il ne restera rien de l'univers qu'un Noyau Noir qui contiendrait toute l'énergie de l'univers.

Faisons un peu de tourisme culturel :

Au début de la création : un choc. La Science l'appelle Big Bang, mais pour le modèle B il n'y a pas d'explosion, c'est plus une claque, et c'est pourquoi nous l'appelons Bonne Baffe, BB.

Au début donc, contact violent, BB. Une vibration mécanique, un son peut-on dire, qui se propage dans l'Oom.

A la fin de l'évolution, tout aura été changé en photons, en lumière et en chaleur: il ne restera plus de matière, mais les manques seront encore là.

C'est ce que les anciens visionnaires ont décrit. Nous avons vu la statue de Nataradja : d'une vibration mécanique à la flamme, la lumière. Le visionnaire n'a pas perçu le Noyau Noir, peut-être parce que, par définition le Noyau Noir ne peut être vu.

Pour nous, il est extraordinaire que sans le moindre instrument, sans rien de plus que penser, des hommes ou au moins un homme soit parvenu à percevoir la création et son évolution… A moins que ce ne soit que coïncidence.

On peut aussi parler de cultures disparues, de civilisations passées… mais ça ne change pas le problème, s'il y en eut, elles sont apparues dans le même Oom. Nous ne faisons que déplacer l'admiration d'un millénaire à un autre.

Nous ne cherchons pas à promouvoir une religion ou une autre, nous n'appuyons pas l'athéisme non plus. Seule la connaissance nous intéresse, c'est la connaissance que nous voudrions voir avancer en offrant des vues alternes.

La découverte des Manques à la fin du manuscrit nous a forcé à changer bien des choses. Mais nous voyons que le résultat est bien meilleur. Ça a valu la peine de travailler un peu plus vous et nous, vous condamnés à lire certaines erreurs du début et nous à corriger, gommer, resituer…

Vu de la B-cadémie on observe d'un côté

> Les théories de la Science. Elles cherchent la meilleure interprétation des faits qu'elle observe, œuvre de chercheurs bien entraînés, très spécialisés. Ils se servent d'observations par les organes des sens, de raisonnements. Les raisonnements, la logique ne conduisent pas forcément à la vérité.
> De l'autre côté, les théories théologiques qui interprètent les observations de chercheurs très instruits, très spécialisés. Ils se servent surtout de perceptions intuitives rapportées dans des textes millénaires, et des visions extra-sensorielles. Malheureusement, ils se servent aussi de logique, de raisonnements qui les distancent de leurs sources.

D'un côté des théories logiques, mais éloignées du monde quotidien du quidam ordinaire ; d'autre part des théories émotionnelles, très proches des vues des divers groupes humains au cours des millénaires.

De fait, encore que la Science ne le reconnaisse pas, il n'y a aucun doute que ses chercheurs utilisent eux aussi la vision psychique dont se targuent les religions. Il n'est pas nécessaire qu'ils s'en doutent, pas nécessaire qu'ils en parlent : ils pensent profondément à leur problèmes, or penser profondément c'est méditer, et la méditation profonde entraine des visions d'où sortent de nouveaux liens entre les éléments des problèmes.

Le Modèle B reconnait que c'est le travail de l'Académie des Sciences qui nous rapproche le plus de la réalité, processus basé sur le concret, sur les faits observés.

Quoique ni nos organes des sens ni le bon sens commun nous le disent, la terre tourne bien dans l'espace.

La B-cadémie reconnait les faits, tous les faits. Mais nous les organisons différemment ce qui nous livre un montage possible, différent – c'est exact – mais pas illogique.

Nous nous servons des faits, mais il n'existe pas de théories acceptées scientifiquement qui supportent nos postulats. C'est la raison pour laquelle nous présentons notre Modèle sous la rubrique littérature, presque poésie, même pas philosophie. C'est un texte simple, quelque chose qui peut apporter quelques pensées neuves, mais sans prétention de changer le monde.

C'est un modèle d'architecte, s'il est concrétisable, réalisable, quelqu'un y parviendra.

Pour l'exposition universelle de Montréal le Maire Drapeau accepta le projet de l'architecte Roger Tallibert pour le Parc Olympique. Après signatures les ingénieurs dirent qu'il fallait annuler le contrat parce l'œuvre était impossible. Drapeau leur dit que le contrat ne pouvait être annulé mais qu'il y aurait certainement quelque part dans le monde des ingénieurs capables de réaliser les plans.

Les ingénieurs, de mauvaise grâce, se mirent alors à l'œuvre et le Parc est encore là pour montrer qu'un rien de pression psychologique et de bonne volonté suffit parfois pour concrétiser, matérialiser les rêves les plus fous.

Ce Modèle B supporte un grand nombre de théories ésotériques, mais il ne les prouve pas et ne rêve même pas de les aider.

Il se peut que leur auteur ait une expérience étendue en thaumaturgie, clairvoyance et autres domaines de la parapsychologie, mais comme il est incapable d'apporter des preuves acceptables selon les critères de la science actuelle, il ne peut en parler, il ne peut être entendu que des croyants.

Se pourrait-il que cette investigation qui fut sienne durant toute sa vie ait une base visionnaire ? quelque perception inconsciente d'une partie de la réalité, perception que la Science ne peut égaler ?

Il est possible que le Modèle B en vienne à être accepté, reconnu, mais ça ne sera pas avant longtemps... dispose-t-il d'assez de temps pour espérer voir telle évolution ?

Ces questions sont plus près de la psychologie et de la neurologie que de la physique. Nous ne parviendrons peut-être même pas à établir que la 'guérison' par les 'guérisseurs', 'magnétiseurs' est plus que simple effet placebo, effet de l'imagination du patient, établir qu'il y a un effet véritable par une action d'énergie psychique, dans la mesure où le shaman, le guérisseur en ait.

Tout ceci sera éclairci si et quand l'humanité parviendra à construire un détecteur de ce type d'ondes, un robot guérisseur ou télépathe.

Passer à évolution 2ème phase la vie

30. Science fiction

Nous voyons maintenant que la tension du RET est ce qui est mesuré comme temps local. Si on veut estimer le temps et l'énergie nécessaires pour aller de A à B, deux points très distincts, il faut tenir compte de ces quatre éléments :

> La distance entre A et B
> l'évolution naturelle de la tension du RET
> les vélocités relatives de l'observateur – le point de départ – et du véhicule B
> les masses de l'origine et de la destination,

L'important ce n'est donc pas le temps proprement dit, c'est la tension locale du Ga.

Mais on arrive facilement à mesurer le temps local et on ne sait rien de la tension locale du RET. Le temps local n'est pas le temps universel et c'est d'autant plus clair que, comme nous l'avons vu, le temps local dépend par exemple de l'altitude où on le mesure ... montagne, avion...

Il reste là tout un domaine à découvrir : quel est l'heure absolue ? l'heure qu'il était quand il n'y avait pas encore de matière par exemple... combien de temps réel s'est-il écoulé depuis BB ?

La Science nous enseigne certaines dates absolues.

Dans la vie de tous les jours, il n'y a qu'à tenir compte du temps qu'indiquent nos réveils.

Revoyons : on peut se faire une idée concrète de la relaxation globale du Ga, et par suite, des changements du temps local qui a lieu dans l'univers entier en même temps ; changements irréversibles, descente progressive, perte progressive de l'énergie potentielle accumulée dans les atomes et libérée en photons.

En tout point de l'univers, la tension locale de Mu change parce que la tension universelle change.

On peut se créer une illustration de changements sphériques assez facilement : lors d'un voyage en avion, gonflez un ballon par exemple pendant que l'avion est en vol. Sur le ballon écrivez un mot ou tracez quelques lignes parallèles.

Lorsque l'avion finira le voyage, lorsqu'il perdra de l'altitude, vous verrez que le ballon se tasse sur lui-même, que les lignes se rapprochent. C'est parce que la pression de l'air change. Il y a moins de distance entre les lignes, elles sont rapprochées et c'est vrai pour toutes les dimensions du ballon.

Ne faites pas l'expérience dans le sens contraire : ne gonflez pas un ballon avant le décollage. En vol il gonflerait et pourrait même éclater ce qui, de nos jours, est absolument à déconseiller.

De la même façon, les changements de la tension du Ga en fonction du temps s'appliquent en même temps dans toutes les directions et changent la 'distance', en fait les vitesses, dans toutes les directions à la fois. D'où la conclusion un peu hâtive que le temps est une quatrième dimension. Le fait que les vitesses changent donne l'impression que les distances changent puisqu'il faut moins de temps pour aller de A à B.

Les changements universels de tension de Ga changent tous les phénomènes, sans arrêt.

Ceci signifie, entre autres choses, que le présent, la matière, notre personne sommes dans un univers différent de ce qu'il était il y a juste un instant.

En fait, ce qui se passe, la différence entre le présent et le passé, c'est que nous sommes descendus à un niveau énergétique plus faible, exactement comme l'eau descend de la montagne jusqu'à la mer.

La matière est une forme potentielle de l'énergie cinétique, un accumulateur pourrait-on dire, une forme qui libère petit à petit son aspect dynamique.

Cette évolution, cette libération continue de l'énergie potentielle accumulée dans la matière nous donne la cause des rapports découverts par Einstein.

La courbure de l'Espace-Temps est due en partie à l'effet des manques, facteur indépendant du temps, et en partie à l'accélération des phénomènes due à la désintégration de la matière en fonction du temps.

A courte distance entre A et B, la pression négative générée par les manques est le facteur dominant. Mais plus la distance est élevée, plus domine le facteur relaxation du RET. C'est la dilatation gravitationnelle.

La relaxation progressive du RET accélère la vélocité de tous mouvements et en particulier l'écoulement du temps local : on peut parler d'une rampe de la vélocité du temps

Le modèle B confirme et justifie la plupart des théories d'Einstein.

Nous pouvons résumer le chapitre 1ère phase :

>Il y a de moins en moins de chaos
>Il y a de plus en plus d'évènements
>Il y a de plus en plus de photons informant le monde entier de ces évènements
>Le responsable est Eros ; on ne voit pas bien à quoi ça lui sert.

31. 2ème phase : la Vie

Une deuxième étape débute et la Vie apparait. Elle apparait au moins sur notre planète, un petit coin de l'univers, petite tache dans Oom. Est-elle apparue aussi ailleurs ? Apparaitra-t-elle ailleurs ? probablement, mais aussi probablement, nous ne le saurons jamais absolument.

Science Fiction ? autant traiter ce thème d'emblée.

Selon les définitions de Modèle B, l'univers où nous vivons est formé à l'intérieur de l'Oom. Oom est plein de Ga, il n'y aucun espace vide. Ga est une substance complexe. L'Energie circule dans cette substance de diverses façons : d'une part des photons, d'autre part de la matière. Les éléments de Ga sont légèrement déplacés par le passage de l'énergie mais les photons et la matière ne sont rien de plus que des manifestations du passage de cette énergie dynamique.

Les photons et la matière n'ont aucune liberté, aucune indépendance : ils ne sont que des vagues dans le Ga et de façon plus limitée même, vagues dans rien de plus que le RET.

Comme la matière et les photons sont composés d'énergie en granules, de bulles d'énergie pourrait-on dire, comme la vitesse maximum du contenu des granules est la vitesse de la lumière, la possibilité que la matière puisse jamais se déplacer à une vitesse plus élevée est, ipso facto , impossible.

Il est absolument essentiel, en ce point, de se rappeler que la matière n'est qu'un jeu de photons et de manques, que la matière n'est pas réelle, qu'elle n'est que phénomène. La masse d'un objet dépend du nombre de manques dans son noyau, de la succion, et non de la présence d'un objet concret au sens où nous le croyons être.

La masse est une force, pas un objet.

La masse dépend du nombre de manques-limites qui forment les noyaux de l'objet observé, c'est-à-dire, dépend de la force négative en présence.

De sorte que, et c'est triste pour le rêveur, pas de voyage à vitesse 'wrap', vitesse supraluminique, pas de 'beam me up Scottie' ; pas de monde parallèle, pas de raccourcis, pas de 'trou de ver, 'wormhole' ; pas de 'trou blanc pour faire pendant au Noyau Noir.

Pas de voyage dans l'avenir, ni voyage dans la passé. La tension du RET est en perpétuel changement à mesure que se désintègre la matière universelle. Pour aller dans le passé il faudrait remettre le RET où nous nous trouvons à l'état de tension qui était le sien au moment désiré.

A cet instant passé, la tension du RET était plus forte, les granules plus gros ; il y avait beaucoup plus de matière dans l'univers… comment parviendrions-nous à rétablir cet état ?

Aller dans le futur est apparemment plus facile : il suffit d'attendre. Le problème c'est que quand nous arrivons au point futur que nous désirons, il n'est plus futur, il est présent, et il n'y a pas de retour en arrière.

Nous sommes prisonniers dans le temps et dans l'espace.

Mais cette conclusion déprimante n'empêche pas les membres de la B-cadémie d'apprécier et parfois d'avoir plaisir à suivre les Star Treks, les deux premiers groupes, et les DoctorWho.

Quant à la possibilité qu'il y ait d'autres planètes habitées dans cet univers, pourquoi pas ? mais nos limites physiques et biologiques rendent hautement improbable que nous le sachions jamais.

Nous pouvons faire un détour sur le sujet de la téléportation. Les Chinois viennent d'envoyer une sonde qui restera en contact avec la terre en se servant des caractéristiques quantiques. Nous n'entrerons pas dans les détails sauf pour dire que cette téléportation ne concerne que des signaux, des messages. Elle ne peut s'étendre à des objets, pas plus que n'y parviennent les messages électromagnétiques.

Le terme portation n'est là que par la volonté des journalistes qui veulent exciter l'imagination du lecteur.

Cette communication quantique utilise une faculté universelle par laquelle deux 'objets' qui ont été liés à leur conception restent en rapport même après qu'ils soient séparés. Ils sont liés entre eux de sorte que ce qui arrive à l'un arrive presque instantanément à l'autre ; et ce changement d'état n'est communiqué à rien d'autre.

Autrement dit, en termes de modèle B, deux 'objets' identiques ayant au moins un lien au moment de leur conception communiquent à une vitesse supérieure à celle de la lumière, et donc, concluons-nous, communiquent via Mu.

On ne peut se retenir de voir dans ce phénomène une explication de la télépathie et de certains types de clairvoyance. Nous y reviendrons ; sans insister. Une mère et son enfant par exemple sont liés et ce dès l'accouchement, dès le premier cri. Ils sont donc peut-être liés en Mu et par suite, les évènements majeurs qui arrivent à l'un sont perçus par l'autre.

Ce serait aussi le lien dans les religions apostoliques, entre Jésus et le baptisé ; ce que, dans notre livre Ode à Odilia, nous avons appelé la Flamme.

32. Evolution : 2ème étape – le monde de la Vie

L'évolution passe la deuxième vitesse et la Vie apparait.

On peut supposer que vers la fin de la première étape des cristaux se sont formés. Les cristaux présentent une organisation plus ferme, plus stable que la simple matière.

On peut considérer aussi que les premières molécules biologiques sont des cristaux organiques : au hasard des rencontres avec d'autres cristaux, dans toutes sortes de conditions ambiantes de température, humidité, agitation, certains de ces cristaux deviennent biologiques et commencent à grossir et se reproduire. Nous ne chercherons pas les détails ; il nous suffit de dire que la Vie, pour être prête à apparaitre, n'a pas nécessité d'intervention magique.

C'est le schéma décrit par la Science. Pour le moment nous nous en satisferons. C'est une question que nous ne sommes encore parvenus à expliquer.

Certains pensent que la Vie est apparue ailleurs que sur la Terre. Ils ont peut-être raison, mais ça ne change rien à notre histoire car en cet 'ailleurs'– certains pensent à Mars – , la Vie ne peut être apparue que par un même type de processus ; cet ailleurs est nécessairement dans l'Oom, et les lois physiques sont les mêmes partout.

Cependant, comme nous l'avons dit pour les changements de la première étape, accidentellement sont apparues des combinaisons éphémères organiques. Certaines sont devenues vivantes.

On peut supposer que quelque 'force' a supporté ces formes vivantes, composées par hasard, ou effet de quelque patron. Le Patron de cette seconde phase pourrait être le même que celui de la première, il pourrait être lui aussi un dérivé que l'Onde Première – Alpha.

Mais cette suggestion est passablement théiste : ce saut n'est pas justifié. Procédons comme nous l'avons fait pour le photon et la matière : un pas concret à la fois.

Ce qui est remarquable c'est que la Vie soit apparue.

Qu'à partir de cet instant elle n'ait cessé de créer des formes de plus en plus nombreuses et de plus en plus capables de transformer la matière minérale en matière biologique, c'est nettement moins magique.

Devons-nous tenter de définir la Vie ? On peut la définir, vaguement en observant ses effets : nous trouverons peut-être, plus avant, ses causes et sa raison d'être.

On sait qu'un organisme est vivant quand les molécules qui le forment, disons son corps, cherchent à augmenter sa masse.

La différence entre cristal et être vivant réside en premier dans leur composition. Les êtres vivants sont faits de matériel organique... c'est au moins le cas de nos jours, et vrai des formes que nous connaissons.

La matière elle aussi tente d'augmenter sa masse (gravitation) : résultat final les corps célestes, les systèmes solaires, les galaxies. Pas de sélection, toute forme de matière fait l'affaire.

Les cristaux croissent par capture d'atomes semblables. On pourrait donc voir la Vie comme une variante d'un processus continu, universel qui a commencé avec le photon et la manque. Comme il nous semble que l'évolution dans son premier état était dirigée par un Patron, l'évolution du deuxième stage pourrait l'avoir été également.

Nous avançons vers nulle part, à bonne vitesse.

Jusqu'à il y a peu, un mois, deux, six ? on pensait, et on acceptait que

> La Terre avait été formée il y a 4,5 milliards d'années
> La Vie y était apparue il y a 3,8 milliards d'années
> Qu'il lui avait fallu beaucoup d'eau
> Que les formes vivantes nécessitent des acides-aminés.

Mais maintenant, fin 2015, la découverte de certaines formes de carbone indique que des formes de Vie inconnues seraient apparues

> Il y a 4,1 milliards d'années
> Alors qu'il y avait très peu d'eau, si même il y en avait.

Pour nous de la B-cadémie, cette nouvelle découverte va dans la direction qui était apparue récemment dans notre esprit collectif.

Notre vision c'est que la création de la vie aurait débuté avec la formation d'un axe, un assemblage linéaire d'atomes. Nous l'appellerons 'Vi', peut-être la forme masculine du mot vie. Notre ami Pierrot lui donnerait peut-être un autre sens et une autre orthographe, Vit.

Ce Vi, cet axe pourrait n'être qu'un groupe d'atomes de carbone avec quelques autres atomes accessoires, un ensemble de forme spéciale.

Ce Vi apparait dans un bouillon primordial ; il se peut qu'il manque d'acides-aminés, et qu'il n'ait aucune des molécules qu'on trouve de nos jours dans les êtres vivants. Il n'est pas vivant, il est absolument inerte.

Puis, de cette même soupe, d'autres atomes se fixent sur la surface du Vi, formant un autre ensemble, un négatif, une matrice de Vi.

Suite à quelque raison, le Vi et son reflet, cette matrice se séparent.

Nous avons maintenant, dans le bain, dans le monde, deux ensembles d'atomes, le Vi et son image ; le Vit et son épouse pourrait-on dire. Ils sont inertes tous les deux, individuellement ils sont sans vie.

Chacun des deux, indépendamment va attirer les atomes complémentaires de leurs formes. On devrait exprimer les choses un peu mieux : ils ne vont pas 'attirer', il y aura attraction due aux lois de la physique, les lois qui ont causé leur formation première.

Assez rapidement, de réplication en réplication le bouillon se remplira de quantités toujours croissantes de Vis et de leurs conjoints.

C'est une situation auto-accélérée, situation qui s'emballe, c'est le processus de base de la Vie.

Une fois que le processus a débuté il peut être étendu à d'autres types de molécules à mesure qu'elles apparaissent dans le bouillon, avec les changements climatiques. C'est peut-être ainsi que sont apparues les formes de vie que nous connaissons, débutant simplement par hasard, par proximité et par effet des lois de la physique.

La question que nous nous posons est la suivante : pourquoi le Vi et son moule se séparent-ils ?

Cette séparation est l'étape cruciale.

Les simples lois physiques causent le Vi, et causent la formation de son image. Si ce qui les colle est l'effet de lois physiques simples, pourquoi ces lois cessent-elles d'agir ? cessent-elles ?

Peu probable ! une fois peut-être, un tremblement de terre, un courant d'air violent, une vague puissante, mais ça ne se reproduirait pas souvent, et de fait, ça risquerait de briser l'un ou l'autre des composants.

Il serait plus simple de penser qu'il y a quelque influence occulte, quelque génie. On pense à Eros et le résultat est la matérialisation de nouvelles formes. On pourrait aussi penser que la température entre les deux éléments est différente de la température ambiante, etc...

Mais nous allons laisser la conclusion en suspens même si, comme nous l'avons souligné, le Patron n'est pas nécessairement une entité vivante.

Ce processus de copier une forme en négatif puis d'utiliser le résultat pour faire une nouvelle copie de la première forme est courant et même essentiel en biologie. C'est ainsi que les gènes fabriquent des protéines et ainsi qu'ensuite ces protéines fabriquent des copies des gènes premiers.

Certaines traditions, mythes, introduisent ici le concept Amour qui serait l'urge vital.

Qu'on nous permette 'urge' néologisme que nous préférons à cet autre :'drive' que personne ne parvient à lire sans utiliser des sons anglais (djaèv!). On pourrait aussi dire l'urger sur le modèle le rire, le manger. Ce ne serait pas un néologisme et c'est plus facile à lire et à lier.

Vi et matrice, vit et consort, c'est assez proche de Amour.

Comme le premier élément est nécessairement 'UN', les féministes pourraient s'énerver, sans raison.

Il faut justifier le choix d'une forme linéaire pour le premier assemblage, pour Vi. Si Vi n'était pas linéaire, s'il était une boule ou un disque la formation d'une matrice autour de lui serait très difficile.

Tout est beaucoup plus facile, plus concevable, en débutant par un axe, une tige.

Acceptons les faits, le 'machisme' est apparu bien avant que la société le signale et qu'on nous le reproche. C'est tellement plus facile de faire un pieu, le hasard peut bien plus aisément le créer qu'un tube ... stalactites, stalagmites...

Revenons à nos moutons :

Le Vi et son Tube n'étaient peut-être pas ce qu'on peut considérer comme êtres vivants, mais des molécules plus complexes, les fameux acides-aminés par exemple peuvent avoir commencé à se coller sur ces charpentes et ce sans toucher au programme de séparation.

Ces nouveaux montages, faits d'acide-aminés, sont de vrais êtres vivants tel qu'on les conçoit, les ancêtres véritables des habitants de la Terre.

Les précurseurs inertes sont probablement disparus, mais leur forme, leur programme a été copié par les premières formes vivantes, quand les atomes du début ont été remplacés par des molécules biologiques permettant des interactions bien plus variées avec la nature.

Exactement comme ce qui s'est passé au début du premier stage, le stage minéral, les premières manifestations de la Vie ont été absolument chaotiques. Des expériences se sont succédées en grand nombre, des formes vivantes qui, dans leur grande majorité n'ont pas duré longtemps.

Mais nous pouvons croire que les améliorations par mutations et sélections ont permis à certaines de ces premières créatures, à certains de ces gènes primitifs de survivre jusqu'à présent dans notre biosphère.

Une image simple : nous devons comprendre que toute la vie sur terre, y compris la nôtre, celle d'individus qui pensent, la vie présente est alimentée et protégée par des programmes primitifs qui transforment directement ce qu'apporte le monde minéral. Ces programmes se trouvent dans les bactéries, les champignons, les moisissures, les levures et autres organismes dont on nous dit qu'ils sont malsains – une menace.

Si les fabricants de lessives, savons et autres désinfectants étaient capables de nous livrer les produits qu'ils nous promettent, ces formes de vie primitives disparaitraient et tout la chaine alimentaire avec eux.

On en arrivera peut-être, sans doute, à fabriquer artificiellement les molécules indispensables à notre vie. Certains en rêvent : un monde où on n'aura plus à tuer quoique ce soit pour vivre, ni animaux, ni plantes, ni levures…

Un monde où ces êtres vivants enfin libérés de notre exploitation, vivront dans la crainte perpétuelle de ne pas trouver à manger, et celle de se faire dévorer, ou avec l'agressivité nécessaire à la chasse.

A moins que, manipulation génétique, nous leurs ôtions l'agressivité et la peur, et en même temps leur procurions la nourriture et l'assurance-maladie.

Donc, au début de cette seconde étape évolutionnaire comme au début de la création : Chaos.

Avec le temps, un pas à la fois, petit pas pour l'humanité, la matière fut domestiquée à la suite de quoi, longtemps après, le cerveau humain est apparu.

Très tôt dans la série des êtres vivants des règles sociales sont apparues, en fait elles sont nées juste au début de la deuxième étape biologique.

Il serait bon que nous y pensions sérieusement ou qu'une inspiration nous éclaire. Pas pour aujourd'hui.

Quelque divinité intervenant ? ... aime ton prochain... et pour quoi faire ?

33. Evolution biologique

Tout ce qui suit nous permettra de mieux comprendre et apprécier la fin de cette histoire de la création-évolution. C'est de la biologie.

A première vue ça a l'air d'être hors du sujet ; mais quel est notre sujet ? N'est-ce pas connaitre un peu mieux le milieu où nous sommes, le milieu dont nous sommes.

Nous tentons de comprendre et de décrire les facteurs présents dans le monde, ce qui inclut savoir comment, pourquoi et jusqu'où.

Selon le Modèle B tout est déplacement d'énergie dans un milieu continu. Il n'y a pas vraiment de différence entre notre pensée, notre corps et la pierre. C'est si vrai que l'observateur affecte directement son observation ; sa présence et son activité intellectuelle ont un effet sur le RET où ont lieu les phénomènes qu'il désire observer, RET où il est formé au moment même où il observe.

Sa présence et ses pensées, ses observations déforment le RET.

Ce que nous cherchons en fin de compte, c'est à nous connaitre un peu mieux et deviner l'avenir.

Nous devons considérer et étudier tous les phénomènes afin d'en découvrir les causes, afin de démasquer les responsables de la situation où nous sommes.

Les étapes biologiques que nous allons énumérer se sont empilées les unes sur les autres, sans qu'aucune soit éliminée. Elles sont en nous, intactes, presqu'indépendantes les unes des autres, chacune essentielle à notre vie et à nos expériences.

La <u>première phase</u> de la formation de la biosphère c'est la formation d'<u>unicellulaires</u> dont le seul programme vis-à-vis du monde est binaire : ça se mange ou ça ne se mange pas.

Dans un <u>deuxième temps</u> apparaissent les <u>tissus</u>, des groupements de cellules partageant leur nourriture, capables ainsi d'augmenter leur territoire et leur nombre. C'est le début de l'altruisme et pourrait-on dire, de la famille.

Apparaissent ensuite, au même niveau de progrès, les charognards et les carnassiers, le meurtre : par suite apparaissent les défenses mécaniques et biologiques. Quand, dans le corps humain, la communication, l'altruisme cesse de fonctionner, c'est le cancer.

Dans l'étape suivante, <u>la 3ème</u>, celle de l'<u>hydre</u>, du sac, apparait l'animal qui peut capturer des proies, en chercher, se déplacer. Il y a début de système musculaire et de système nerveux ; début de système digestif, une fonction importante pour la vie et le bien-être. Il y a un intérieur avec un seul orifice qui se forme selon les besoins, orifice par où entre la nourriture et sortent les déchets. L'orifice unique sert de bouche et d'anus.

Il y aussi, en même temps,

apparition d'un programme d'autodestruction – d'**apoptose** – et de

reproduction sexuée, donc de sexes, et de génomes sexuels distincts…

L'apoptose est programmée dans toute la chaine animale à partir de ce stage précoce. C'est le programme qui fait que tous nous vieillissons, que se débilitent nos fonctions biologiques au point que finalement elles ne nous animent plus assez pour que nous continuions à vivre.

La libido, l'impulsion sexuelle nait à ce moment-là également. C'est un moteur de comportement, c'est aussi involontaire que l'apoptose.

L'effet combiné de ces deux programmes – sexe et décès obligatoire – peut être perçu comme un programme additionnel assurant une évolution accélérée. Quand la population est trop nombreuse, quand il n'y a plus assez de nourriture pour tous, il faut essayer de nouvelles formes – et la reproduction sexuelle y parvient – il faut aussi que la population diminue, et l'apoptose s'en charge.

Tout ceci bien entendu se trouve encore en nous, vous le savez.

> Suit la construction du tube, <u>étape 4</u> ; la séparation de la bouche et de l'anus ; la différenciation du ventre et du dos ; quand l'animal ne parvient plus à maintenir son ventre plus près du sol que son dos, c'est la fin : tous les poissons vous le diront, les blattes aussi.
> Viennent les systèmes respiratoires, circulatoires, ambulatoires : des tubes !

Deux groupes se forment :

> le premier est essentiellement <u>animal aquatique,</u>
> le second est <u>animal terrestre</u>.

Le premier nage, le second rampe et creuse.

Le premier se reproduit dans l'eau, le second se reproduit n'importe où et donc dans la terre relativement sèche et dans l'air.

Le premier laisse ses millions de gamètes dans l'eau pour une reproduction aléatoire, la femelle du second ne pond que quelques ovules. Ce second groupe doit pratiquer l'insémination interne, la copulation, pondre des œufs fécondés.

Donc l'un des deux est déjà adapté à la vie sur terre, à l'air libre, mais l'autre est condamné à rester dans l'eau.

Ce dernier est si bien adapté à ce milieu stable, l'eau, que chez certaines espèces, les Tuniqués, dès qu'il atteint sa maturité, son système nerveux central s'isole des organes des sens et les éléments ambulatoires disparaissent. Ses fonctions alimentaires et reproductrices fonctionnent seules, le système nerveux central est en veilleuse, pratiquement éteint.

Cet animal a déjà découvert qu'on n'a pas besoin de cerveau pour manger et pour se reproduire.

Les fonctions que l'animal continue à utiliser sont celles des étapes 1, 2 et 3.

L'esprit pourrait-on dire, l'esprit de l'animal est libéré du monde matériel, il est 'aux anges'.

L'autre groupe d'animaux au contraire commence à produire des extensions corporelles lui permettant de mieux se déplacer en milieux relativement secs. Ce sont des tubes avec des rangées de poils tout le long du corps. Dans des animaux plus avancés ces poils se différencient en organes respiratoires, des branchies, et en instruments de locomotion.

Il a même des rudiments de maxillaires et de dents dans la bouche.

Chez la plupart de ces animaux apparait la différenciation sexuelle : mâles et femelles ont des corps différents. Ce n'est pas le cas de toutes les espèces, mais c'est de plus en plus fréquent.

Dans l'étape suivante qui touche principalement ce dernier groupe, le corps se couvre de carapace et les poils latéraux se transforment en appendices articulés, les pattes. Nous arrivons maintenant à la **cinquième étape** de l'évolution biologique.

Le rapport entre tout ça et l'évolution du monde ?

Patience, nous y arriverons.

> Etape 5 : les arthropodes. Les premiers ont des pattes articulées à chaque segment du tronc. Tout commence donc par des mille-pattes. Il y a ensuite les crustacés avec de nombreuses paires de pattes, mais moins. Puis amélioration du rendement et réduction du nombre de pattes ; début sérieux de la colonisation de la terre à mesure que sur terre apparaissent des plantes, nouvelle source alimentaire.

Les crustacés donnent les insectes dont les seuls appendices locomoteurs sont thoraciques : trois paires de pattes et trois paires d'ailes.

Les ailes sont des branchies séchées. Les ailes sont des adaptations, des mutations accidentelles causées par les variations d'humidité locale. Comme ils vivaient dans des marécages, certains crustacés augmentèrent la taille de leurs branchies ; ces branchies sont latérales et elles se dotèrent de muscles permettant de les agiter de haut en bas, pour augmenter encore la capture d'oxygène dans ces eaux faibles en oxygène. Mais quand le niveau de l'eau baissa encore plus, les animaux s'adaptèrent en respirant par la peau du ventre ; en même temps les branchies séchèrent se changeant passivement en ailes.

Excellent exemple d'adaptation, d'évolution : Nous ne le lirez nulle part ailleurs.

Il faut bien distraire le lecteur de temps à autre.

Les ailes permettent à ces animaux d'arriver à la nourriture plus vite que ceux qui ne peuvent que marcher ou ramper.

Apparaissent alors toutes sortes d'instruments vitaux et sociaux : la communication sonore, la mémoire et l'apprendre.

Note linguistique : pour indiquer la faculté d'apprendre nous utilisons le mot « l'apprendre » construit comme 'le rire', 'le manger' ; 'le boire'. Ça permet d'exprimer en Français les expressions anglaises comme 'learning', dans le sens faculté d'apprendre, dont nous ne trouvons la traduction nulle part.

Un ganglion nerveux spécial, cerveau primitif apparait. Il gère les membres et intègre les informations visuelles, tactiles, gustatives et sonores pour une plus grande efficacité alimentaire, vitale.

Les descendants du groupe marin commencent à se doter d'un tube rigide à l'intérieur du corps, la chorde ; et d'un nerf dorsal. La chorde leur permet une meilleure efficacité dans la natation. L'oxygénation du corps est assurée par la circulation de l'eau ambiante par la bouche, organisation différentes de l'oxygénation par la peau qui est celle des insectes.

34. Vertébré : animal bicérébral

Nous en arrivons maintenant à la dernière grande étape de l'évolution biologique, la formation des vertébrés.

> La Science appelle **gnathostomes** les membres de ce groupe, nous préférons les appeler **BertéBrels** pour souligner le fait qu'ils résultent d'un métissage, chimérisation d'animaux des deux groupes. Nous soutenons cette thèse dans un article publié par l'Académie des Sciences de la République Dominicaine et publié en parallèle sous forme de livre. Le terme gnathostome indique que les biologues n'ont vu que la mâchoire, la mandibule, ils n'ont pas vu les autres pièces faciales, ni les trois paires de pattes, ni les ailes.

On peut trouver l'article en Anglais à google : Bruno Leclercq Gnathostomes :

Le fait que quoique ce texte soit sorti il y a une douzaine d'années aucune branche de la Science n'en ait tenu compte, ni l'anatomie, ni la psychologie, ni la biologie, par ce rejet silencieux la Science montre bien qu'elle est un groupement de sectes.

On y cherche la reconnaissance par les pairs, pas la vérité.

Les progrès dans la science du clonage nous enseignent que notre théorie du Bertébrel est vraisemblable, et sa reproduction expérimentale tout à fait possible.

Quand j'aurai le temps et les sous…

L'un des animaux apporta la notion de squelette interne et de colonne vertébrale ; l'autre, l'insecte apporta l'ossature du visage, les trois paires de pattes articulées, la communication sonore, la respiration de l'air, la reproduction interne jusqu'à la viviparité. Il apporta aussi la mémoire et une tendance au comportement social, au moins pour la protection des petits.

L'apport des membres et du système nerveux associé, le cervelet, permet à cet animal de réagir aussi vite que l'insecte, ce qui est impossible pour les ancêtres aquatiques. Ces derniers n'ont d'ailleurs pas besoin d'une telle rapidité car l'eau freine les mouvements.

La contribution de l'autre ancêtre ce sont la chorde et l'ossature interne, ainsi que la respiration par la bouche. Son 'cerveau' se colle sur le dos du cerveau de l'insecte – sur le cervelet – et se crée, invente, et connait une image du monde à partir des données que lui communique l'insecte et à partir de sa mémoire.

Signalons au passage pour donner une image plus complète que l'abdomen qui est, chez l'insecte, postérieur aux pattes postérieures est, chez les Bertébrels, antérieur aux membres postérieurs. C'est comme si l'abdomen avait été poussé dans le thorax.

Vérifiez dans votre corps, la limite postérieure de votre abdomen se trouve au niveau de la partie postérieure de la ceinture osseuse pelvienne. Si vous voulez en savoir plus, lisez l'article sur le poisson et les gnathostomes.

Le système nerveux central de cet autre ancêtre est de très petite taille dans les premiers Bertébrels : comme dans certains tuniqués, les urochordés, nous les avons mentionnés, le système nerveux central est pratiquement isolé des organes sensoriels. Cette coupure le libère et il pourrait se livrer à des opérations 'mentales' sans rapports avec le monde concret. Il pourrait étudier, analyser, penser.

Le premier composant, celui qui introduit le son, la musique, le descendant de l'insecte, nous le nommons Brel et l'autre qui sait nager et rêver, nous l'appelons Berthe. D'où le nom Bertébrel. Grâce à Dieu nous permettons ainsi à la science de s'éloigner de noms comme Gnathostome ... le Bertébrel fait partie de notre famille... mais le Gnathostome ? gnathostome ne parle que de la mâchoire ; et les membres latéraux ? et le larynx et son innervation? et puis ce nouveau nom nous rappelle Brel et sonne un peu comme vertébré.

La Biologie académique a la même sclérose mentale que la Physique et les religions. La physique a une fixation sur l'expansion, la biologie sur sa croyance que les premiers vertébrés sont apparus dans l'eau ; en fait les premiers, les placodermes par exemple respiraient l'air, ils marchaient et pratiquaient la reproduction interne, un processus très coûteux qu'on n'utilise qu'en dernier recours. La reproduction interne n'a pas été inventée pour faire jouir de stimulations locales, mais pour assurer la survie des fœtus.

Les premiers Bretébrels, nos ancêtres sont apparus en milieu relativement sec.

Puis l'évolution les mena à plonger : les premiers poissons étaient inventés. Ces premiers poissons respiraient l'air – il y en a encore - et les requins, poissons primitifs pratiquent la viviparité – copulation et accouchement de petits formés. Ces premiers poissons ont évolué en poissons modernes et les Bertébrels terrestres du début ont disparu. Certains des nouveaux poissons ont commencé à ramper et à sauter hors de l'eau – les salamandres – suivis des animaux terrestres que nous connaissons. Ces 'poissons' n'ont eu aucun mal à apprendre à marcher en quadrupèdes, aucun mal à respirer : ces programmes se trouvaient dans les gènes hérités de leurs ancêtres ; hérités, dissimulés, mais pas effacés.

Cette histoire pour illustrer le fait que la fixation dont souffre la Physique au sujet de l'expansion de l'univers n'est pas un comportement unique, c'est lié à un trait humain : engagez-vous, suivez le guide, n'agitez rien !

Toutes les sciences sont sclérosées, ce qui est sain pour les religions, mais pas pour la biologie, l'anatomie, la psychologie.

Retour à la description de l'évolution de la matière et de l'énergie.

La séparation pratiquement totale du cerveau d'origine aquatique libère l'animal : cet isolement permet les opérations mentales sans rapport direct avec le monde concret. Ce cerveau peut facilement étudier, analyser et penser parce qu'il n'est pas dérangé par le monde matériel autant que l'est l'autre, le cervelet ; il est généralement à l'abri des messages des systèmes nerveux parasympathique et sympathique, sauf quand nous maltraitons notre tuyauterie.

C'est ce cerveau, le cerveau de Berthe qui crée le monde virtuel qui différencie absolument les bertébrels de tous les animaux antérieurs. Ce cerveau c'est principalement le télencéphale.

Ce monde virtuel est ce que nous connaissons dans la veille et dans le sommeil.

Dans les premiers Bertébrels le Cervelet est beaucoup plus gros que le télencéphale. D'une étape évolutive à la suivante, l'importance du télencéphale croît. Nous avons maintenant deux cerveaux, programmables tous les deux.

Le télencéphale reçoit tardivement les signaux des organes sensoriels internes et externes : dans les organismes plus avancés, l'homme par exemple, il les utilise pour modifier l'image qu'il se fait du présent.

La correction, tenir compte des signaux sensoriels, il ne la fait pas tout le temps : et c'est le rêve, l'imagination, l'hypnose, les 'voyages astraux', la conversion religieuse, la culture de l'époque ou de la région, et aussi la folie.

Cette organisation bicérébrale est le premier pas de la troisième étape évolutive, l'apparition d'un générateur de mondes virtuels.

Le télencéphale est influencé par les divers organismes que nous avons décrits, organismes qui continuent à fonctionner librement : si l'estomac n'est pas satisfait, l'information passe au cerveau, nous en sommes avertis ; cependant la communication n'est pas à sens unique, dans une certaine mesure le télencéphale, la volonté peut intervenir sur les opérations de ces organismes de base, la digestion, la respiration, la relaxation etc… ce qui est le domaine de la psychologie, de la sociologie mais aussi des enseignements des occultismes.

Le domaine de la psychologie et de la sociologie ne s'est pas formé premièrement dans l'homme. Nous avons vu les premiers éléments d'altruisme et d'agression dans la deuxième étape de la biologie : ces règles sociales se sont compliquées, enrichies d'un groupe vivant au suivant pour en arriver à la société des vertébrés où la population est divisée en deux groupes complémentaires : les mâles et les femelles.

Chez les mammifères les différences entre les deux sont profondes et permettent de former le couple qui est une entité biologique beaucoup plus puissante et mieux adaptée au monde réel que tout ce qui a existé auparavant.

Le summum se trouve dans le couple humain.

Nous devons pourtant nous adapter au fait que l'Homme n'est pas rien qu'une machine biologique dont la seule fonction est de maintenir la Vie, d'augmenter sa biomasse.

Docteur Bruno P. H. Leclercq

Les choses ne sont pas aussi simples, la société humaine est une entité vivante plus puissante que le couple et même que la tribu.

35. L'Homme le Créateur

Voyons où nous en sommes.

Nous avons mentionné un monde virtuel ; quelques lignes pour le définir. Evitons de nous étendre sur la psychologie. Nous nous limiterons à mentionner quelques faits que certains critiquerons faute de discussion.

Comme Descartes l'avait déjà établi, tout ce que nous connaissons pourrait n'être qu'un rêve. En fait c'est bien le cas, ce dont nous sommes conscients est une construction de notre cerveau. Il n'y a pas de différence entre ce que nous connaissons et observons en rêve, et ce que nous pensons être réel quand nous sommes éveillés.

Ce que nous voulons dire c'est que tout ce que nous connaissons du monde concret, nous le connaissons indirectement ; tout ou presque est construction d'un univers par notre pensée, tout est songe.

Nous disons 'tout' mais c'est un peu exagéré, pas beaucoup. Apprendre une activité physique, un sport, le tennis, l'Aïkido, le piano, tout entraine, éduque notre cervelet.

Ce genre d'entrainement distingue le spécialiste de la masse. Il réagit plus vite et avec plus de précision.

La différence entre ce genre d'individus et le reste provient de ce que, dans la pratique de sa discipline au moins, il ne se sert pas de son cerveau, de son télencéphale. Ce cerveau est fort lent et absolument en retard sur les faits. Le cervelet lie directement la réaction au message sensoriel, inconsciemment. Ce mécanisme est présent en chacun de nous, potentiellement au moins. Ce lien inconscient entre organe sensoriel et muscles est présent dans l'expérience commune : nous marchons sans y penser, sans analyser. De fait, penser à la marche n'est pas si facile que ça quand on s'y concentre.

Ça ne veut pas dire que le cerveau qui pense, le cerveau conscient ne sert à rien. Même dans le sport, l'observation consciente, l'analyse et l'expérimentation est faite par le télencéphale, et ce sont ses observations et conclusions qui mènent à l'introduction et l'essai de nouvelles techniques. Ensuite, ces nouvelles techniques sont testées, consciemment, les résultats sont notés et analysés. Quand le résultat est satisfaisant l'entrainement commence, par répétition. Ces répétitions forcent les nouvelles techniques dans le programme du cervelet. Ensuite c'est au cervelet de diriger : le sportif devient professionnel.

Tout ceci nous entraine vers un traité sur la méditation, etc... pas ici !

Nous mentionnons le cervelet mais il y a d'autres systèmes nerveux dans notre corps ; chacun d'eux mène sa barque inconsciemment. Nous obéissons à leurs règles et nous ne nous en apercevons même pas. Dérangez votre estomac ou votre intestin : ils vont vous montrer très rapidement qui commande. Vous allez vous sentir malade et incapable de penser comme il faut. Et n'oublions pas le 'cerveau' de l'hydre, vous vous souvenez ? Celui qui a inventé le sexe...

Tout ce que nous connaissons est une série d'idées : c'est pourquoi nous l'appelons 'monde virtuel'.

Ces idées sont générées sans interruption, et quelque chose en nous choisit celles que nous allons accepter comme vraies. Ce sont celles que nous connaissons consciemment. Ces images sont créées de toutes sortes de façons et nous les choisissons une par une. Nous croyons que le film est continu, mais en fait c'est une succession d'images fixes, exactement comme les images du cinéma. C'est la structure de notre cerveau qui nous fait percevoir la chose en continu, illusion parce que c'est plus facile à accepter.

Tout ceci pour nous dire qu'en fait nous vivons dans deux mondes à la fois. Il y a le monde matériel que nous connaissons très vaguement et le monde virtuel, le rêve que crée notre cerveau, le rêve que nous choisissons de croire. Ce rêve colle à la réalité matérielle de plus ou moins près, et même pas du tout pendant le sommeil.

Les aventures islamistes du moment montrent à quel point ce rêve est important, des gens se tuent et tuent les autres à cause du rêve qu'un endoctrinement a établi dans leur cerveau.

Ce monde que notre cerveau choisit de croire est une création.

Ce qui signifie que nous, les Humains, sommes des Créateurs.

Et ici ce qui avait l'air d'une échappée vers la psychologie révèle que c'est en fait une partie de l'étude de création-évolution que nous poursuivons depuis le BB.

Dans une grande mesure, le monde que nous créons est individuel, mais le lavage de cerveau social participe aux choix, de sorte qu'il est quelque peu commun. Le monde social est une création partagée par de nombreux membres de chaque société.

Progressivement le monde social s'étend d'une société aux autres, mais nous ne sommes pas près d'une perception universelle du monde.

Nous pouvons avancer un peu dans l'étude de cette 3ème phase de l'évolution.

Docteur Bruno P. H. Leclercq

Le monde minéral = la matière
La biosphère = la Vie
Le monde virtuel = la créativité

Il est difficile de croire que toute cette évolution, de la première cellule à la formation du Bertebrel bicérébral se soit faite sans aide, sans guide. Ne devrions-nous pas penser qu'il a fallu un Patron ?

En fallut-il un ?

36. Un Patron ?

Maintenant l'évolution est très complexe, elle ne laisse pas beaucoup de place pour d'autres types d'explications.

Quelle caractéristique du Ga pourrait causer cette évolution ?

Bien entendu, les statisticiens affirmeront que c'est peut-être un simple hasard.

La première étape de l'évolution, celle du monde minéral, fait apparaitre une grande variété de formes et d'informations, un peu de rangement après le chaos des premiers instants.

Le résultat de la seconde étape est assez ressemblant : de plus en plus de formes, formes de plus en plus complexes, plus d'évènements et plus d'informations, de messages ; c'est là qu'en est arrivé la biosphère.

Ça sert à quoi, tout ça ? quel intérêt, quelle valeur ? richesse de variétés, richesse qu'est l'être humain ? toutes ces nouveautés améliorent-elles l'équilibre énergétique, le calme dans l'Oom ?

Pour expliquer l'évolution de l'unicellulaire à l'homme qui pense, faut-il nécessairement imaginer quelque patron ? L'urger vital – croît ! – la loi divine – multiplie ! – faut-il plus pour expliquer que ce soient formées des formes toujours plus complexes ? faut-il plus qu'une évolution biologique ?

Il y a des accidents dans la reproduction et donc apparition de mutants. Certains survivent. On peut donc défendre un modèle d'évolution purement économique.

Mais le premier pas de la biologie, cette pulsion, peut-être plus, cet urger de la Vie – d'où serait-il venu ? et la perpétuation de ce programme pendant des millions d'années, pourquoi faire ?

Aurait-il un but ?

Si le but de l'évolution est une distribution aussi uniforme que possible de l'énergie dynamique, le retour à la tranquillité d'avant le BB, en quoi la Vie nous en approche-t-elle ? les processus de désintégration de la matière sont bien plus efficaces, plus puissants, plus rapides. Ils causent bien plus de destruction de matière que toute l'Histoire et que les cultures humaines.

Mais la désintégration n'apporte que peu de variété.

Au contraire, la seconde étape, et la troisième plus encore, créent bien plus de choix. Leur influence est locale, c'est vrai ; pour autant que nous le sachions il n'y a pas en Oom d'autre vie que la nôtre, aucune vie n'est prouvée hors de la Terre. Par conséquent cette Vie n'affecte pas beaucoup le pouvoir unificateur de Thanatos.

Même si, et c'est probable, même s'il y a de la Vie dans des millions d'autres planètes, l'influence totale de la Vie dans l'Univers est minime.

Et pourtant, aussi faible qu'elle soit, la Vie désobéit à Thanatos. Elle est la preuve qu'il y a bien une autre loi, celle d'Eros, celle du Patron comme nous l'avons établi plus tôt.

On peut affirmer que rien de ce qui arrive après le lancer de la Vie ne nécessite l'intervention d'un Patron, mais le programme 'Vie', en soi, est un Patron. Il accompagne tous les changements, toutes les formes de vie et même toutes les idées nouvelles.

Il est difficile d'expliquer cette rébellion sans introduire un Patron. Ce Patron pourrait être vivant en quelque sorte – un Dieu – ou rien de plus d'un patron rigide, celui du tailleur ou du savetier, celui du bourrelier.

Que ce soit l'un ou l'autre, respectant la règle générale de la B-cadémie que 'rien ne vient de rien', qu'il n'y a pas de génération spontanée – merci Pasteur – s'il est manifeste qu'il y a un Patron aujourd'hui, ici, c'est parce qu'il existait déjà auparavant, quelque part, et même avant BB.

Sa racine est éternelle, il a toujours existé et ne disparaitra jamais.

Où se trouvait-il avant BB ?

Il est très improbable, nous l'avons dit, que ce patron 'Vie' soit une propriété de Ga et plus improbable encore qu'il soit surgi du néant. Nous ne voyons donc qu'une possibilité, que sa souche , comme nous l'avons envisagé, soit un message, un Patron, un patron porté en Alpha, une image de l'**AUTRE**.

En termes d'entropie, en termes d'énergie, nous observons qu'augmente, avec le temps qui passe, le nombre de formes et d'évènements.

Le résultat final du monde minéral c'est la création de la gravitation et de l'électricité.

Le monde biologique a culminé avec l'animal bicérébral et son pic : les cerveaux humains, celui de l'homme et celui de la femme, les deux.

Nous nous trouvons dans la troisième phase de l'évolution, mais nous sommes faits de tous nos précurseurs. Nous devons respecter toutes les lois du monde minéral, et toutes les lois de la biosphère.

37. Evolution sociale, progrès social

Nous avons remarqué que le Chaos accompagnait le passage à toute nouvelle étape.

Nous avons vu comment les premières créatures ont appris à respecter les lois du monde minéral.

Comme nous entrons dans la troisième étape nous avons tendance à regarder de haut les contraintes imposées par les étapes un et deux, les lois du monde minéral et les lois de la biosphère.

Nombreux sont les humains qui croient pouvoir faire n'importe quoi et à l'autre extrême nombreux ceux qui veulent imposer les lois et instincts de la biosphère telle qu'elle est maintenant.

Ces deux extrêmes causent bien des conflits. Les progrès de la biosphère sont apparus par mutations, l'entrée dans le monde vivant d'individus pas tout à fait comme leurs parents, individus qui durent trouver leur propre niche, ce qui ne signifie pas que leurs ancêtres étaient dans l'erreur, ni qu'ils devaient disparaitre ou être rééduqués.

En fait le parent était plus fort et il imposait ses vues : les mutants et les altérés n'avaient qu'à garder leurs distances. Mutants et altérés sont 'anormaux'.

Les mutants sont ceux qui ont acquis quelque fonction nouvelle, les altérés sont ceux chez qui manque un ou plusieurs automatismes caractéristiques du groupe dont ils font partie.

Ce sont des mutations qui ont fait naitre les divers haplogroupes humains, séparant les Arabes des Maures par exemple, et les Maures des Caucasiens. Elles ont causé l'apparition des facteurs

Rhésus mais aussi de certaines maladies héréditaires. On en parle dans 'L'Homme de l'Afrique',(même auteur).

Le genre humain a des caractéristiques génétiques présentes chez la majorité. Par exemple l'usage de la main droite pour la force et de la gauche pour la précision du geste, sans parler du lien absolu entre la psychologie et les fonctions reproductrices. Les altérés présentent des fautes, des vices de fabrication.

Les altérations sont probablement dues à une irrigation anormale d'une petite aire du cerveau, anomalie qui apparait principalement in-utero. Divers centres nerveux qui commandent les comportements 'normaux' se trouvent dans la même zone. Si l'irrigation est un peu faible, l'un ou même plusieurs de ces centres, n'établit pas les liens nécessaires et, par exemple, l'individu sera gaucher.

A part les gauchers, les altérations génèrent toutes sortes d'anormaux, des artistes, des mathématiciens, des asociaux, des musiciens, des inventeurs, tous individus assez distincts de la norme pour que le groupe 'normal' primitif les éloigne ou les tue. Nous avons oublié de mentionner les homosexuels et compagnie, autre groupe altéré.

Mais, à cause de leur 'défaut' qui les empêche de voir les choses comme tout le monde mais ne les empêche pas de chercher à survivre, peut-être même à comprendre, certains sont plus 'intelligents', plus créatifs. Ce sont ceux qui ont apporté des améliorations à l'art de la guerre et de la chasse, à celui de l'agriculture et de l'élevage, à l'usage des métaux.

On peut observer ces effets dans l'Histoire humaine. Dans ce même livre 'Les Hommes de l'Afrique' on montre comment la situation présente dans ce demi-continent est le résultat d'une faiblesse qui a chassé un groupe des meilleures terres.

Les hommes sains ou au moins les plus forts, certains haplogroupes, occupaient les meilleures terres et ils en avaient chassé ces faibles et altérés.

C'est là qu'une altération peut finalement se montrer bénéfique.

Ce groupe de faibles avait la tendance normale de rejeter ses 'altérés', mais la dureté, la pauvreté du monde matériel où ils étaient chassés leur a fait tolérer leurs altérés dans la mesure où ceux-ci ont montré les avantages de leur non-conformisme.

Comme ils ne parvenaient pas à s'en tenir à la routine, certains des altérés se sont montrés créatifs : les terres n'étaient pas aussi bonnes, il fallut inventer l'irrigation, l'agriculture et l'élevage. L'altération est génétique mais elle n'est pas absolument généralisée ; certains membres de la famille sont 'normaux', d'autres présentent d'autres forces. Finalement le groupe chassé devient mieux nourri, plus dynamique et ambitieux, il invente plus d'armes et il cherche à augmenter son territoire et ses richesses.

Il revient sur les terres dont il a été chassé, en maitre maintenant, en conquérant.

Nous avons dit qu'en premier la société plus forte occupait un territoire qui lui apportait tout ce qu'il lui fallait, sans efforts, sans grand usage de ses cerveaux. On y vivait une vie paradisiaque quand apparurent les pillards, les envahisseurs - nous avons mentionné les Romains, les Francs, les Arabes – des meneurs d'esclaves qui forcent les gens heureux à travailler sans profit immédiat.

Et nous avons indiqué d'où venaient les ancêtres de ces altérés, les enfants qui étaient des copies anormales, des cerveaux avec quelques petits trous, des lacunes.

La société humaine a continué à produire des altérés, ils sont affectés par de petits défauts l'irrigation de leur cerveau ; nous l'avons dit ? Ces centres sont groupés dans une petite aire du cerveau. Le manque d'irrigation peut gêner la croissance de l'un ou de plusieurs de ces centres, manque d'irrigation héréditaire, lésion au hasard.

La lésion peut se manifester plus tard, suite à fièvre, déshydratation, alcoolisme, dépression... la lésion fait que certains traits communs à la société n'apparaissent pas et comme la société cherche l'uniformité, les altérés sont chassés. En Egypte pendant longtemps le rouquin était tué. Il y a encore des régions où les albinos sont tués eux aussi.

Les religions méditerranéennes ont imposé certains instincts naturels et rejeté les déviations autant que possible. Les Gauchers étaient regardés de travers – c'est encore le cas au Pakistan - et le Christianisme ne permettait pas que les artistes soient enterrés dans les terres bénites.

Les diseurs de bonne aventure, tous ceux qui cherchaient à vivre des sciences occultes courraient le risque de se faire tuer. De nombreuses lois apparurent qui étaient liées au comportement sexuel des individus.

Il est difficile d'identifier la source de telle inspiration, mais le résultat social fut de protéger femmes et enfants. En limitant le nombre d'épouses et en interdisant l'homosexualité et la masturbation on augmentait le pouvoir des femmes qui étaient maintenant les seules autorisées à satisfaire l'impulsion masculine à la copulation.

La preuve que ces altérations proviennent d'un défaut d'irrigation d'une région limitée du cerveau et que c'est une caractéristique héréditaire commune à toutes sortes d'altérations, c'est que les altérations sont groupées dans certaines familles : on a des familles groupant des gauchers, des musiciens, des artistes, des mathématiciens, des sociopathes…liste partielle. Et dans chaque famille il peut arriver qu'un individu présente à la fois deux ou plusieurs altérations.

Les changements sociaux actuels dans les pays riches ont déplacé les jugements de valeur et attaquent certains préjugés. Bien entendu on en introduit d'autres. C'est le chaos. La société ne peut progresser harmonieusement sans tenir compte des lois des deux étapes antérieures.

On passe trop facilement d'un excès à l'autre parce que nous sommes créateurs et influençables. Nous passons de l'interdit à l'obligatoire et on pourchasse le normal.

Ces altérations, dans leurs formes extrêmes sont des pathologies.

Pousser la tolérance à ses extrêmes est, elle aussi, une pathologie.

38. Evolution : 3ème phase – le Monde virtuel

Ce monde virtuel est le troisième étage de la structure.

Chaos

C'est un plan nouveau et par conséquent, en premier, c'est le chaos.

Quand la seconde phase a fait suite à la première, au tout début, les créatures avaient l'illusion que tout était possible. De nombreuses formes vivantes apparurent qui ne savaient rien des lois de la gravitation, de l'humidité, de l'électricité. La majorité sécha, ou fut écrasée, mais il y eut quelques survivants : ils avaient respecté les lois de la nature, les lois du monde minéral, sans le savoir d'ailleurs.

Trois facteurs en présence :

> Les lois du monde minéral
> Les lois du monde organique, puis de la biosphère
> La poussée 'Vie' d'origine obscure, peut-être de source externe, introduite pendant BB, issue d'un patron, de Eros.

L'origine du Créateur des troisièmes mondes c'est le Bertébrel, c'est la chaine animale qui débuta quand les gènes de l'ancêtre nageur et ceux de l'ancêtre marcheur s'associèrent pour former une créature versatile capable de vivre et dans l'eau et dans l'air libre.

Cette nouvelle étape est peut-être apparue elle aussi accidentellement, sans intervention extérieure, sans programme neuf et la force d'adaptation qui en est résulté ne serait rien d'autre qu'une continuation naturelle, sans vraiment de progrès biologiques.

Pas de nouveau territoire qui s'ouvre à la chasse, pas de nouveaux outils, pas de gain de vitesse. Cette nouvelle famille peut s'adapter sans effort à l'eau, ou à l'air ayant deux sources de gènes, mais c'est l'un ou l'autre des territoires, pas les deux à la fois.

Donc progrès assez faible. Sauf au niveau 'intellectuel'.

Le pouvoir de créer un monde virtuel se développa lentement d'un Bertébrel au suivant à mesure que le cerveau du Tuniqué rattrapa puis dépassa celui de l'insecte.

Ce qui signifie que pour le Mécaniste pur, l'individu qui croit que tout correspond bien au Modèle B, il n'y a pas de force externe dirigeant les évènements, les progrès biologiques.

La première influence dont nous avons dit qu'elle avait formé le photon et la manque, le début de la matière, cette influence est mécaniste, même si elle vient de l'extérieur de l'Oom. Pour ce qui est de la Vie, localiser la source est un peu plus risqué, mais on trouvera quelque physiologue, quelque philosophe capable d'en décrire une d'assez convaincante sans s'éloigner trop de notre type de logique.

Tout serait donc très simple, rien que de la mécanique.

Nous devons admettre toutefois qu'un doute, tout de même, léger mais présent, altère la sérénité, la simplicité athée de ce paysage.

Ce n'est pas tellement parce que notre description ne dit rien quant au 'pourquoi faire ?'

Ce qui est plus troublant c'est qu'à la fin de l'évolution telle que nous la connaissons, nous nous trouvons affublés d'un Créateur, un créateur en chair et en os, un créateur autochtone, sans rien de divin, sans la moindre trace d'extra-matériel, mais Créateur tout de même.

Et, comble de mystère, ce créateur est en train de créer une chaine de Créateurs de métal et minéraux ... les ordinateurs et les robots.

Il semble que nos descriptions éliminent tout à fait les vues théistes qu'il y a quelque part par là, au dehors, un ou plusieurs créateurs, créateurs qui veulent que le monde soit et qu'il évolue. Des créateurs, la science n'en veut pas, et le Modèle B en démontre presque l'inutilité.

Mais en fin de compte, nous découvrons un Créateur, l'esprit humain et son monde virtuel.

Et tout ceci sans toucher aux rêves de quelques humains, - les visionnaires – ou les rêves (volonté divine) des religions abrahamiques et des Islams de changer la société et le comportement humain.

Tous les grands changements dans les rapports humains, dans l'"humanisation' de la société dans le monde entier ont leurs racines dans les enseignements des religions. Les plus humaines, dans le sens de charitables, proviennent directement du Christianisme. Ces enseignements étaient-ils inspirés par des instincts ? ou ont-ils vraiment été révélés ? leur énoncé et leur acceptation : instincts, révélation ?

Nous laissons ces questions pour d'autres textes, mais rien n'empêche le lecteur d'y penser.

S'il n'y a pas de Créateur hors de ce monde, pourquoi bien des gens en perçoivent-ils un ? ou au moins préfèrent-ils penser qu'il y en a un ? pourquoi y a-t-il, et y a-t-il eu de tous temps tant de gens aspirant à son existence ? de tels instincts, d'où viennent-ils ? les psychologues avons des réponses simples.

Dans le monde riche, la moitié des gens doute fort qu'il y ait un

Dieu, et il n'y a que 15% de pratiquants des exercices spirituels. Il règne de plus en plus une dépression profonde car rien n'a de sens, parce qu'il n'y a pas le moindre but à la vie.

Le livre de Michel Houellebecq le dit bien.

De plus en plus on va se rendre compte que le monde est vide et sans but. Pourquoi ne pas devenir Mormon ou Musulman ou Témoin de Jéhovah ? n'importe quoi qui nous dise qu'il ne faut pas faire confiance aux femmes et qu'il faut faire les cinq prières quotidiennes.

La B-cadémie poursuit ses recherches, mais il y a des limites, même à ça. Nous ne pouvons pas savoir ce qu'il y a en dehors de l'Oom, nous ne pouvons pas savoir comment sera l'intérieur de l'Oom quand toute la matière aura été désintégrée, etc…

Nous ne pouvons pas savoir absolument si Création et Evolution de notre Univers ont un but. Bien sûr, nous pouvons être optimistes et nous satisfaire de penser que, sans doute aucun, tout ceci sert à quelque chose.

Mais cet optimisme n'est pas très logique.

Il y a tout de même, en dernière analyse, une piste assez logique.

Le Créateur que l'homme est devenu est en train d'inventer, de créer, de fabriquer des ordinateurs et leurs membres, les robots, des 'machines' qu'on améliore au point qu'elles vont être capables de faire tout ce que l'homme fait. Elles le feront plus vite et sans doute, bien mieux.

Donc l'homme Créateur est en train de créer des Créateurs indépendants qui le dépasseront.

Ces Créateurs ne sont pas limités par les lois de la Biosphère. Pas de famine, pas d'apoptose.

Ces Créateurs pourront très bientôt aller là où l'Homme n'est encore jamais allé ! ils pourront accéder à des mondes absolument hors de notre portée.

Pour commencer ils coloniseront la Lune, Mars et les autres planètes du système solaire.

Bien sûr, dans son orgueil, l'homme ne permettra pas qu'ils le fassent avant lui. On enverra donc des hommes sur Mars et on construira une grande cloche où emprisonner ceux qui choisiront de conquérir l'Espace. Ils ne pourront pas sortir de leur geôle, mais ils seront heureux de faire l'envie de ceux qui sont restés à Terre.

En moins d'un siècle pourtant, malgré tous les freins que l'Homme leur opposera, ces Créateurs minéraux se libéreront.

Ils pourront fabriquer et iront fabriquer, loin de la Terre, d'autres usines qui produiront leurs descendants. Ils porteront en eux toute la connaissance et tout le savoir-faire que nous les humains avons acquis sur la nature, et même un peu plus.

Grâce à leur existence les progrès accomplis par l'homme dans sa maitrise de la matière ne profitera pas qu'à l'Homme, créature de chair, ils seront expatriés vers des secteurs toujours plus étendus de l'univers.

Ce qui signifie que la quantité d'évènements copiant le Patron augmentera exponentiellement.

A supposer que nous les programmions dans ce sens. Auront-ils tendance à chercher à augmenter leur connaissance ? leur maitrise ? en d'autres termes, auront-ils la pulsion vitale d'augmenter leur masse, autrement dit : de vivre ?

Et pourquoi l'auraient-ils ? et nous, pourquoi l'avons-nous ?

Ces pensées supportent fortement l'idée que la création-évolution a une finalité, une raison d'être.

S'il n'y a aucune raison à la création et à l'évolution, il n'y en a pas qui nous incite à propager notre maitrise et nos connaissances. Ce ne serait qu'une infection inutile.

D'autre part, si la création a une raison d'être, - et il nous faudrait imaginer qu'elle en a peut-être, si la création a la moindre raison d'être, on comprendrait que son Créateur ne soit pas satisfait de ce que son influence, sa volonté, son désir n'ait conquis que quelques cerveaux dans une ou même quelques millions de planètes.

A sa place nous voudrions que notre volonté soit connue et exprimée aussi vite que possible par autant de la matière que faire se peut.

Et ceci, d'un seul coup devient possible parce que les Créateurs minéraux qui dorénavant voient le jour, peuvent s'établir en bien plus d'endroits dans l'espace … ils n'ont besoin que de minéraux.

Suivons cette piste quelques instants.

Deux voies :

> A supposer qu'un Patron ait été introduit en ce monde lors de BB, comment influence-t-il l'évolution ?
> Quel sera l'état de Oom à la fin du monde, à la fin de la matière ?

39. Résonnance

Lorsque nous avons décrit comment le photon et son pendant sont apparus nous avons précisé que la vague créée par BB n'avait pas seulement introduit de l'énergie, elle avait aussi apportée un message, une forme.

Ce message nous l'avons appelé Eros ou Patron. Il s'imposa au RET, lui communiquant sa forme, il envahit l'Oom tout entier.

Cette vague circule toujours dans l'Oom aussi bien dans le RET que dans Mu et des harmoniques se sont formés, à commencer par l'accord majeur ; Do, Mi, Sol.

Parmi les évènements qui ont lieu dans le RET au cours de l'Histoire, certains ressemblent de près ou de loin à l'un ou l'autre des harmoniques d'Eros ; la majorité ne ressemble à rien. Les évènements sont fortuits tout en obéissant aux lois de la physique et de la biologie.

Dans le mot 'évènement' nous incluons tout ce qui est matériel ainsi que les changements, les mots et même les pensées.

N'oublions pas que tout est ondes, vibrations dans le RET.

Certains évènements sont proches d'harmoniques du Patron, la majorité ne l'est pas. Tout a tendance à disparaitre, mais les évènements qui sont proches des harmoniques d'Eros sont supportés par ces harmoniques grâce au phénomène de résonnance. Ils sont maintenus plus longtemps ; il y a donc évolution. Plus le temps passe, plus nombreux sont les évènements ressemblant de près ou de loin à Eros.

Le processus qui fait notre monde tel qu'il est consiste en deux étapes :

> Création aléatoire par application des lois de la physique, celles de la biologie et le hasard
> Sélection par résonnance avec le Patron, et donc Evolution vers la perfection.

Le mot perfection n'implique pas une estimation de la valeur absolue de quoi que ce soit, la perfection c'est l'arrivée au but. Chacun est libre d'estimer si le but est moral ou bon, le but est tel qu'il est. Dans la mesure où ici le but serait la représentation du Patron l'opinion que chacun de nous peut avoir de la valeur sociale, morale ou autre de ce patron ne peut servir qu'à nos émotions.

Grace à ce processus l'évolution fera que le Patron sera représenté de plus en plus dans l'Univers.

Pendant tout ce temps l'onde Alpha reste présente et c'est elle la référence sur laquelle s'appuient les ondes créées par les évènements.

Est-il possible qu'à la longue ces évènements influencent, changent altèrent, freinent les ondes de la création ? Pratiquement non, parce que les ondes des évènements, notre influence est infiniment faible par rapport à l'énergie énorme de l'onde Alpha, l'énergie qui a causé toute la création.

La création commence par des phénomènes accidentels, puis par des phénomènes guidés par les lois de la physique et de la biologie, enfin par les lois de la logique et pendant tout le temps l'évolution se fait, est guidée, ou plus exactement sélectionnée par résonnance avec les lois introduites avec Alpha.

Il faut tout de même accepter que tout ce qui est matériel est local, phénomène temporaire, rien d'éternel.

Ce qui est éternel c'est la lumière, les photons et par extension les messages qu'ils portent. Les photons émis quand ont lieu les évènements sont projetés dans l'univers entier. Certains vont durer et durer comme le prouvent ceux qui nous parviennent des étoiles.

Ces photons dépendent directement ou indirectement des évènements, dans notre cas dépendent de ce qui se passe sur Terre.

Ce qui signifie qu'il y a une émission incessante d'informations en provenance de la Terre ; information sur tous les évènements. On peut supposer qu'une grande partie de cette information correspond au Patron puisque l'évolution du monde a débuté il y a quelques milliards d'années. On peut espérer que petit à petit le pourcentage d'émissions idéales s'améliorera.

Ces phénomènes ont lieu dans l'Univers entier. S'il y a d'autres planètes habitées par des êtres vivants, l'activité de ces créatures sera sélectionnée de la même façon, par résonnance, et projetée dans l'univers entier, comme vibrations dans le RET et vibrations en Mu.

A ce jour, en dépit de nombreux efforts, nous n'avons encore trouvé aucun indice d'autres intelligences.

Ce qui nous ouvre un autre volet de cette fenêtre sur l'avenir ultime.

40. Fin du Monde

Tout ceci est extrêmement approximatif, mais peut-être juste.

Il semble qu'il y ait deux possibilités. Nous n'avons pas assez de connaissances ni la motivation pour creuser. Le lecteur choisira l'option qu'il préfère.

A la fin de Monde, lorsqu'il ne restera plus de matière

> Ou bien le RET sera plein de photons libres, de messages, d'images concrètes de l'infinité des aspects du Patron
> Ou il y aura, à la surface d'un énorme Trou Noir, cette même image mais concrète, fixe à cause de l'énorme succion-pression du Trou Noir. L'existence des manques favorise cette option.

D'une manière ou de l'autre, le Patron sera représenté.

Ce qui nous mène à imaginer que le but de la Création est la reproduction du Patron.

Comme nous avons dit que la Vie c'est la volonté de se reproduite, comme le Patron démontre qu'il a cette volonté, et comme le Patron est une partie de la nature de l'AUTRE, nous sommes amenés à conclure que l'**AUTRE** a de la Vie, qu'il est vivant.

Ce qui revient à dire que le Patron, Eros n'est pas rien qu'une forme à copier, mais plus exactement la forme, la volonté d'une entité vivante.

C'est une conclusion qui, sans doute, plaira aux Théistes.

Mais, et il y a toujours un Mais !

L'**AUTRE** peut être l'origine de la création de l'évolution, il est hors de l'Oom et n'a aucun contact avec l'Oom.

Ce n'est pas le Dieu que les gens veulent. Il ne peut rien faire, il ne sait rien de ce qui se passe en Oom ; il ne peut pas intervenir.

Il a lancé la balle.

C'est assez bien le sort de tous les parents ;

Ce passage est pour le profit des athées. Ils ont tort de croire qu'il n'y a pas grand Patron, que Dieu n'existe pas, qu'il n'y a aucun Dieu qui ait créé le monde ; et ils ont raison de penser que nous n'avons rien à en attendre.

Il n'y a rien à en attendre mais cependant, comme le Patron qui parcourt Oom sans trêve ne supporte qu'une partie de ce qui est créé, n'assiste que certains évènements, il y a bien un Patron effectif. Ce n'est qu'une représentation partielle d'un Tout-puissant possible, de l'**AUTRE**, mais il se trouve ici, avec nous, et il a un effet.

Le prier, ça servirait à quelque chose ? bien sûr que non.

Doit-on chercher à connaitre la Vérité ? connaitre la Vérité, une Voie que nous devrions suivre ? il faudrait être capable de lire le Patron directement.

Est-ce possible ? les Religions disent que leurs visionnaires l'ont fait ; mais leurs prophètes ne prêchent pas tous le même enseignement…

Et la plèbe, la populace commune, vous et nous, sommes trop occupés aux gestes quotidiens, pour trouver le temps de chercher s'il y a vraiment quelque Vérité et ce qu'elle pourrait bien être.

Bien entendu, le lecteur n'est pas obligé d'accepter ces conclusions fort théistes que nous suggère le Modèle B. L'existence du Patron, d'Eros, n'est pas vraiment établie, elle n'est qu'exposée comme fort probable dans un univers qui serait comme celui du Modèle B.

Le modèle courant, celui que nous offrent la Science et les journalistes, mènerait-il aux mêmes conclusions ?

Il est raisonnable que quelque chose participe à l'évolution de l'Univers ; de l'énergie pure y commencerait le spectacle et une organisation progressive révélerait l'œuvre voulue par un Créateur. Malheureusement la logique du modèle proposé par la Science académique ne pousse pas à le suggérer et moins encore à y croire. Dans le monde de la Science l'athéisme est presque prouvé.

Retournons au Modèle B, si c'était vrai….

Pourquoi l'évolution devrait-elle amener le Monde à créer un Créateur matériel ? ce fruit de la troisième phase de la Création.

Supposons qu'il y a vraiment un Créateur hors de l'Oom, un créateur à l'origine de la Création et ensuite, indirectement, un guide de l'évolution. Il a causé la création de la matière, puis de la Vie, puis du troisième monde, le monde virtuel de l'imagination, ce qui, la B-cadémie le croit, serait, pourrait être la preuve que l'**AUTRE** est vivant et est le Créateur.

Selon ce point de vue, ce n'est pas le processus de création et d'évolution qui est la source, l'origine de toutes choses. L'existence, la Vie, l'Intelligence, la Créativité existaient avant BB ; elles étaient de tout temps, ce sont des traits de l'**AUTRE**. C'est sa Nature, rien qu'il ait inventé.

Tout ce qui a été créé après BB et appuyé par résonnance représente certaines des caractéristiques de l'**AUTRE**. Cet **AUTRE** nous ne le connaissons pas et il n'y aucun moyen de le connaitre directement. Tout ce que nous savons c'est que ce qui existe en ce monde en ce moment a été copié. Le message Patron a été lu, est en train d'être lu, le Patron, Eros qui était incorporé dans l'onde Alpha causée par le choc entre l'**AUTRE** et Oom.

On pourrait dire, poétiquement, que BB a été le geste du semeur, Eros la graine et Ga la terre où la graine peut exprimer le fruit.

Si nous vivons c'est parce que l'**AUTRE** vit .

Si nous créons, c'est parce que l'**AUTRE** crée.

Si nous pensons, c'est parce que l'**AUTRE** pense.

Ce dernier argument indique que l'**AUTRE** pense, que 'Dieu le Père' est une entité vivante, et qui pense .

C'est le lieu idéal pour émuler Descartes mais au lieu de son Cogito ergo sum, nous pouvons dire

COGITO ERGO EST

Je Pense et donc Il Est.

Le fait que je pense est la preuve qu'il est.

Serait-il conscient ?

Etre conscient requiert un double ordinateur, l'un observant l'autre. Comme le résultat final de la création évolution livre une copie de l'**AUTRE,** que ce soit une copie complète ou une copie partielle, en fin de compte il y aura l'**AUTRE** et sa copie, deux ordinateurs.

Est-ce que la création s'est faite pour permettre à l'**AUTRE** de devenir conscient ?

Nous avons dit Dieu le Père et ça, il faut le justifier en cette ère, la nôtre, où Hommes et Femmes sont identiques en tout … bel acte de Foi et exemple de lavage de cerveau s'il y en a ... l'une des productions possibles du monde virtuel que nos esprits composent.

En BB, un message est entré en Oom ; pas deux ou cinq : UN !

Un (1) est Yang. Utilisons ce mot qui n'est pas encore politiquement impropre. C'est chinois, ce n'est pas blanc et pas abominable colonisateur, c'est donc acceptable.

UN est l'origine de toutes choses. A partir de Un on peut faire Deux en ne faisant qu'ajouter Un et Un. Puis en ajoutant Un au résultat on parvient à Trois et ainsi de suite jusqu'à l'infinité.

Mais si on commence par Deux, par 2, tout ce qu'on peut obtenir ce sont des multiples de 2 : on perd la moitié du possible. Un monde incomplet.

Nous voyons que dans le processus de fabrication des étoiles, dans la fusion atomique, le noyau premier est le noyau d'hydrogène qui ne contient qu'un seul proton et aucun neutron. Masse 1 !

Tous les atomes de l'univers sont des enfants de ce noyau d'hydrogène, de (1) !

Nous trouvons des couples à chaque pas de notre cheminement :

Il y a l'Autre qui est Yang, qui ne crée rien avant de toucher Oom et d'en agiter le contenu, Ga, qui est Yin. Mais avant le BB, Ga ne crée rien – tohu bohu.

Quand il touche le Ga, un terrain irrégulier, ce message devient une vague, une vibration. Ondes et vibrations montent et descendent ; elles sont Yin (2), + et – ; plus et moins.

La représentation complète du Patron, la concrétisation d'Eros dans l'Oom est Yin.

Le Patron agit et crée et oriente par sa représentation qui est Yin.

De nombreuses religions, dans leur enseignement occulte, reconnaissent ce fait. C'est le Saint-Esprit du Christianisme, ainsi que la Sainte Vierge, Marie des Archéochristianismes – catholiques, orthodoxes, etc.. c'est aussi Chékhina du Temple Hébreux.

Le premier pas pour qu'ait lieu la Vie, c'est l'érection d'un (1), d'un Vi. Mais la Vie, la création ne commence vraiment qu'après la génération de sa parèdre, quand il y a (2).

Etc, etc… nous pourrions continuer.

Nous pouvons comparer à la vie humaine ; le (2), l'élément Yin, c'est la femme. Elle ne peut rien faire que de l'incomplet s'il n'y a pas de (1) dans sa vie, ne serait-ce qu'un instant. Et le (1) l'homme, le Yang ne peut rien faire de vivant s'il est seul.

Avec un rien de technologie, on peut obtenir que le Yin fasse apparaitre un être vivant sans intervention de (1) ; parthénogénèse, certains animaux le font, certains lézards, mais le monde qui peut être créé ainsi est incomplet car la parthénogénèse ne permet pas de faire d'autres enfants que des (2), des filles ; et comme garçons et filles sont complémentaires, un monde de (2) serait incomplet.

Insistons : garçons et filles sont complémentaires, pas identiques et pas égaux.

Bien, maintenant nous avons vu tous les aspects de la création et de l'évolution.

Nous pouvons rentrer à la maison et nous reposer un peu. Le septième jour, quoi…

Docteur Bruno P. H. Leclercq

Tout a été dit.

Et voila ! nous sommes arrivés ; tout a été dit.

Tout a été dit ?

Quelques mots sur les ondes en Mu peut-être ? pas grand-chose.

Ça ne peut pas être bien important. Le monde virtuel en Mu

41. Le Monde virtuel en Mu

Les religions, sont-elles tout à fait dans l'erreur ? Ne sont-elles que des moyens sociaux pour contrôler la foule ?

Des systèmes de contrôle ? sans aucun doute, mais pas nécessairement malsains parce que la base du comportement humain est animale et primitive.

Absolument fausses ? mensongères en partie ? ou dans l'erreur ?

Ne perdons pas notre temps dans ces chicanes.

A mesure que le texte s'est développé nous avons fait quelques allusions légères. Une analyse plus approfondie devra attendre mais il va quand même falloir effleurer certaines croyances en tentant de ne pas trop effaroucher les athées ici, les croyants là.

Aventurons-nous. Nous avons étudié Mu et les messages qui y ont circulé avant même la formation des photons, juste après BB, la Bonne Baffe.

Nous avons indiqué que chacune des deux premières étapes avait livré en fin de compte une variété de formes et d'informations bien plus vaste qu'on aurait pu le croire en voyant la simplicité du premier signal.

Pensée = Matière ?

Nous n'en avons pas encore fini avec la machine à laver.

Nous avons vu que tout ce qui est matériel est représenté en Mu, que toute agitation, tout mouvement dans le tissu 'monde' a des conséquences en Mu.

Il faut donner une définition claire de ce qui est matière : qu'est-ce qui est matière ?

Il est évident que les Photons, comme il leur manque une troisième dimension, diffèrent de la matière ordinaire, celle qu'on peut peser et mesurer ; ils sont quand même matériels.

On peut penser qu'ils n'ont pas d'influence durable ou importante sur l'agitation de Mu, mais ils en ont. L'effet ondulatoire est faible, c'est exact, mais les messages que les photons propagent ont des effets variés et complexes. Ils ne sont pas faibles.

D'ailleurs on pense utiliser leur force mécanique pour envoyer une sonde observer des astres lointains.

Pour définir la 'matière' nous nous servirons de la description Hindoue, celle des trois gounas. Tout ce qui présente les trois gounas est matière.

> Tama, être solide ou au moins présenter quelque trait solide : nous verrons ça de près
> Radja c'est l'agitation ; ce qui est matériel contient quelque énergie dynamique.
> Satva l'objet doit avoir une forme.

Tout ce que nous considérons être matériel présente ces trois caractéristiques, tout ce qui présente ces trois caractéristiques est matériel.

Que dire des messages dans l'ordinateur ?

Le message dépend du circuit (tama), de l'énergie qui circule (radja) et a une forme qui le distingue des autres messages ; un train de Bits (satva).

Le message est donc matériel. C'est pourquoi il agit si facilement sur d'autres objets matériels à l'intérieur de l'ordi ou en dehors :

imprimantes, moteurs, cerveau de l'opérateur…

Si l'un des trois gounas disparait, le message disparait pour toujours. Le fait qu'il n'existe pas en dehors des circuits ne le rend pas moins matériel ; D'ailleurs on peut copier sa forme, son aspect satva et l'enregistrer puis l'intégrer dans un autre ordi. La seule différence entre cette forme de 'matière' et les autres est sa subtilité. Il est moins solide que le gaz.

De nombreuses traditions scientifiques et autres du passé ont classé l'Ether comme autre forme de la matière : solide, liquide, gaz et éther.

Le message dans l'ordinateur peut être assimilé à cette notion 'Ether' de la science passée.

Que dire alors de la pensée humaine ? le système nerveux, le télencéphale en particulier, ce cerveau moderne est une usine à idée. Ces idées sont des messages, ils sont identiques aux messages dans l'ordinateur – même 'Ether'. Ils ne sont pas formés de la même façon, ils ne peuvent pas être enregistrés ni transmis exactement d'un cerveau à un autre, mais ils sont identiques aux messages dans l'ordinateur car eux aussi présentent tama, le tissu nerveux, radja, les influx nerveux, et satva, une forme, celle que nous en connaissons.

Son interruption, la suppression de n'importe lequel de ses trois gounas cause la disparition de l'idée.

Cette perte peut-être temporaire – perte de conscience, sommeil profond – ou finale – décès.

L'idée la plus importante pour nous est l'idée '**je**', l'idée que nous avons au sujet de notre personne.

Elle est passablement inconsciente et mal définie le plus souvent, mais elle est toujours présente et personnelle.

Il faut introduire un petit détail : il semble qu'il y ait un signal, une information qui est essentielle, gravée en profondeur, derrière toute l'activité cérébrale, en arrière-plan. Elle est là même quand presque toute d'activité cérébrale a cessée, dans le coma par exemple. Ce signal c'est '**la Vie**'

Jusqu'à ce jour nous n'avons pas encore localisée son ou ses points d'attache et nous ne savons pas ce qu'il fait. Tout ce que nous savons c'est qu'à un certain instant, le point final de la vie humaine, ce signal stoppe. C'est la Mort et jusqu'à présent on ne sait pas le récupérer, réactiver ce signal.

Nous avons l'impression, nous, la B-cadémie, et certains faits accidentels que nous avons observés supportent notre 'intuition', que chez l'humain au moins et probablement chez les autres mammifères cette activité pourrait être réinitiée. Il nous semble qu'il y ait une sorte de cadenceur, de 'pacemaker' semblable à ceux du cœur. Ces derniers peuvent être réactivés, et même remplacés. Leur activité n'est rien de plus que l'émission de temps à autre d'impulsions électriques.

Le Coma, l'état comateux signale qu'il y a bien une sorte de cadenceur dans une ère assez moderne du cerveau. Il y en a sûrement plusieurs comme le montre le fait qu'il suffise de quelques supports mécaniques pour compenser l'arrêt de la respiration, pour que le corps reste en vie, se guérisse et permette le retour de la conscience.

On sait, et il a été prouvé scientifiquement que certains poissons peuvent être tués par le froid, gelés solidement, et être ensuite ramenés à la Vie quand leur température retourne à la normale.

Nous pouvons aussi voir les choses sous l'angle des religions, abandonner ce type de recherche, certain qu'est le Croyant que la

Vie est un prêt, rien de plus et rien de matériel.

Ces paragraphes n'ont qu'un lien léger avec l'histoire de l'Evolution, mais comme la 'Vie' est un facteur que nous n'avons pas vraiment décrit avec une certitude absolue, comme notre explication laisse quelque espace aux croyances spirituelles, nous nous croyons autorisés à rapprocher la notion de Vie du domaine du concret, des rapports entre Thanatos et Eros.

Retournons au poisson. Cet animal est un Bertébrel, il n'est pas essentiellement différent de l'Homo Sapiens, l'homme qui pense, vous et nous.

On a observé que le poisson ressuscitera à condition que sa congélation soit rapide. Si l'animal est laissé hors de l'eau à se réchauffer, la ressuscitation est impossible. L'animal est mort, Mort.

Notre conclusion scientifique c'est que ce fait prouve qu'il y a un centre moléculaire, un centre nerveux de la Vie. Lorsque l'animal est laissé pour mort mais pas froid, quelques molécules se détruisent. Il y a dégénérescence chimique de la ou des molécules qui génèrent le signal 'Vie' que toutes les autres fonctions attendent.

La source de ce signal est dégradée.

Nous pensons donc qu'il y a une sorte de cadenceur 'vie'. Nous ne savons pas où il est; nous ne savons pas comment il met en marche toutes les autres fonctions corporelles. Il est apparu au plus tard durant la 3ème phase de l'évolution biologique, - l'hydre, le sac - en même temps que la reproduction sexuelle et que l'apoptose.

Poussant ce sujet un peu plus avant : à supposer qu'on puisse remettre le corps à fonctionner grâce à quelque cadenceur, l'individu serait sauvé des conséquences de son accident, il pourrait reprendre le cours normal de sa vie ; vieillir normalement. Ce ne serait pas le sérum de bogomoletz.

Retournons au thème principal, la création-évolution.

Nous en sommes à définir la matière. Excusez le détour.

Cette notion '**je**' n'est pas clairement définie ; nous n'en avons pas une idée claire, précise, aucune connaissance claire, mais nous en avons la sensation, l'impression qu'il y a un '**je**'.

42. L'Esprit

Cette idée, 'je' – nous de la B-Cadémie, l'appelons **'Esprit'**

Il n'y a aucune raison d'inventer de nouveaux mots, donnons à ce vieux mot un souffle de jeunesse avec une définition opérationnelle bien définie.

Cette idée 'Esprit' évolue en vivant et disparait absolument quand la vie est interrompue, quand l'un des trois gounas s'éloigne de façon permanente.

Ne nous laissons pas confondre par le mot 'Esprit' : ce n'est pas rien qu'un message, une sensation, c'est quelque chose de tout fait matériel, tout à fait de ce monde. Il est composé des trois gounas. Il est matériel, fait de la matière du quatrième état.

Ce qui fait penser à l'homoncule, mais ce terme a été utilisé dans toutes sortes de contextes, généralement pour s'en moquer. Nous nous tiendrons à distance de ces questions. Nous nous limiterons au mot Esprit, et ce mot décrit un morceau de matière du quatrième état.

Pour rester dans la ligne de ce texte nous devrions peut-être dire : l'Esprit disparait quand le facteur 'vie' s'arrête.

Le dire ainsi simplement reflète notre suggestion qu'un tel 'facteur' existe.

L'Esprit est formé par l'activité vitale et en particulier par l'activité du système nerveux. On peut dire qu'il apparait dès que la fécondation a lieu.

L'Esprit n'est pas quelque chose qui existait avant la fécondation, pas quelque chose qui attendait un lieu où se manifester, pas un pouroucha attendant pour se réincarner, pas une âme : l'Esprit est créé en même temps que le corps, ni avant, ni après.

Comme il est matériel, l'Esprit fait son empreinte en Mu.

S'il y avait des gens capables de percevoir les ondes en Mu, elles pourraient percevoir les Esprits des autres, et en particulier les Esprits des gens qui leur sont chers. Ce serait particulièrement facile quand ces Esprits émettent des messages puissants, lors des crises émotionnelles en particulier. Dans de rares cas et dans de rares individus, l'orgasme sexuel serait une émission émotionnelle puissante, le décès, l'abandon de la Vie en serait d'autres.

Nous disons ' en tous les êtres vivants' parce qu'ils vivent tous, par définition, et ont donc tous un 'Esprit'.

L'orgasme divin, l'extase des Grands Âmes, des Grands Initiés, a été collé à l'ensemble des imbécilités culturelles, à l'inatteignable, source intarissable de mensonges et de rêves.

Mais comme un chercheur de Harvard vient de démontrer expérimentalement que la télépathie a bien lieu, ces contes peuvent être revigorés.

Finissons-en avec cette illusion : l'expérience de ce chercheur ne prouve absolument rien et, il l'admet lui-même, il n'y a pas d'effet télépathique dans son expérience. Les journalistes enjolivent parfois un peu les choses.

Repassons par la téléportation et la communication quantiques.

Le fait qu'il y aurait de la télépathie dans l'expérience humaine est bien connu des 'voyants' et autres sensibles même si c'est toujours nouveau et douteux pour la Science de l'Académie. Nous avons indiqué que les progrès dans le processus quantique et dans sa maitrise pourraient rendre possible un renouveau dans l'étude de ces domaines encore ésotériques et dans leur acceptation.

Apparemment donc, l'Esprit est représenté en Mu dans son état et dans ses émotions – ces variations importantes – toutes altérations perceptibles.

En fait, comme nous l'avons dit il y a un peu plus d'un demi-siècle et comme le savent tous les chercheurs de l'occulte, ce potentiel est latent en nous tous. Il est clairement présent dans une minorité d'individus, et apparait pour une courte période chez d'autres, dans des conditions bien spéciales, bien définies par les observations millénaires.

Quant à la clairvoyance, c'est un peu autre chose parce que dans ce cas il n'y a pas de lien matériel préalable à l'information. Nous ne répéterons pas les spéculations à ce sujet, que nous avons faites dans 'Yoga des sphères' il y a près d'un demi-siècle.

43. Notion de l'au-delà, de l'Autre Monde.

Chaque Esprit est représenté en Mu : comment ? par une vague, une onde.

Les ondes de la télévision n'ont pas la forme qu'elles génèrent sur l'écran. De la même façon l'onde représentant un Esprit n'a pas la forme de cette personne. Il faut un récepteur et ce récepteur doit interpréter la vague, régénérer l'image-source.

C'est exactement l'effet du son 'Chat'. Ce son évoque un animal.

Quand je dit 'Chat' tout individu qui sait le Français pense immédiatement à un chat, parfois avec une abondance de détails. Mais en fait il ne s'est rien passé que l'effet d'ondes de compression de l'air sur le tympan.

De même, une simple vibration de Mu peut générer une information qui ait un sens, et même un sens très élaboré.

Le problème de l'interprétation est l'une des difficultés de la transmission. Le premier problème c'est le peu d'intensité du signal, et sa noyade dans une infinité d'autres ondes, d'autres messages nous parvenant en même temps. La zone dont nous sommes conscients est très petite, et elle est soumise à des informations provenant de l'extérieur, de la mémoire, de l'imagination quand elle n'est pas dérangée par des problèmes physiologiques.

Notre système – c'est tout à fait inconscient dans la plupart des cas au cours de la journée – notre système décide de ce qu'il veut bien voir maintenant. Il ne reste pas beaucoup de temps et d'espace pour les messages faibles provenant de Mu.

Nous pouvons toutefois donner quelque espoir au lecteur : les messages importants sont enregistrés dans une sorte de RAM ; ils attendent une occasion, un espace qui leur permettra d'être connus. Mais en fin de compte, dans le monde où nous sommes de nos jours, monde d'une grande quantité d'informations sans puissance, l'activité en Mu est ignorée.

Tous ces commentaires indiquent que se servir de Mu pour communiquer volontairement – le rêve des armées – serait très difficile. La Magie n'est pas sur le point de remplacer le monde minéral pour instaurer des communications rapides et précises.

Ce qui veut dire que malgré les milliers de témoignages, malgré sa découverte par la Science, quand ça aura lieu, il est improbable que l'utilité de l'Autre Monde s'impose. Lui en trouverons-nous jamais?

Dans Yoga des Sphères, nous avons décrit tout ça raisonnablement bien. Aucune raison de se répéter.

Cette capacité de percevoir des ondes en Mu explique la télépathie, la prémonition, un autre aspect de la clairvoyance. Dans ces domaines les obstacles sont perception et interprétation.

Comme nous parvenons éventuellement à percevoir l'existence de signaux immatériels, signaux correspondant à des êtres comme nous, nous percevons clairement que, même s'ils sont étrangers au monde matériel, ces êtres perçus constituent une population. Les chercheurs, les observateurs de ces domaines - visionnaires et autres – ont conclu qu'il y a un autre monde, un Au-delà.

Au-delà est mal choisi parce que ça semble indiquer au-delà de la vie, donc un monde de défunts, ce qui n'est que partiellement correct. Disons l'Autre Monde.

Ne pas se tromper pourtant, les habitants de cet Autre Monde n'ont pas de forme matérielle, ce sont des messages, des informations. Toutefois ils ont une identité, une individualité.

Nous ne pouvons pas nous sauver, il faut plonger un peu plus avant dans la description de cet Autre Monde et de ses habitants. Nous devons montrer que le Modèle B explique tout ça et que cette partie du texte est plus qu'une répétition aveugle des traditions théosophiques, ésotériques, occultes etc.... traditions de cinglés et sages, prophètes, sorciers et shamans drogués du passé.

La forme de tout ce qui est matériel, et en particulier l'Esprit de chacun de nous, est représentée sans interruption dans l'Autre Monde, en Mu. Ce qui signifie qu'il y a en Mu une image de notre Esprit qui se distribue dans l'univers entier comme le fait la lumière des étoiles qui nous touche encore après un voyage de millions d'années.

Quand l'Esprit de tout un chacun disparait, à son interruption définitive, à la mort, la production d'images est stoppée, mais les images déjà produites continuent leur chemin. Il y a une représentation de l'Esprit, son image, qui continue à exister.

Pensez à ce que nous venons de dire au sujet des étoiles, il est possible que certaines aient déjà disparu, mais nous en recevons encore les émissions.

44. Âmes

Cette image 'libre' maintenant c'est l'Âme.

Pendant la vie, ce qui est perçu ce n'est pas directement l'Esprit, c'est l'image en Mu de l'Esprit. On peut comparer cette perception à la vision.

Quand on regarde la maison, ce qu'on perçoit c'est l'image de la maison, pas la maison elle-même !

Cette image de l'Esprit peut être captée et reconnue – acceptons pour un moment les thèses des diseurs de bonne aventure - <u>Elle est de même nature que l'image de l'Esprit : une vibration de Mu.</u>

C'est parce qu'elles sont toutes deux des vibrations de Mu que l'Esprit et l'Âme ont été confondus et que la plupart des religions pensent que nous avons une Âme.

On n'en a pas.

La confusion est encore facilitée par ce qu'observent ceux qui voient : au moment du décès l'image de l'Esprit cesse d'être produite, on ne voit donc plus que l'image de l'Esprit émise juste avant le décès. Cette image s'éloigne du cadavre alors que durant toute la vie elle restait en contact.

On dit qu'elle s'élève un peu : effet de la gravitation ?

Insérer quelques phrases additionnelles ? des mots qui n'ont rien à voir avec l'évolution, mais sont en rapport avec des questions qui déconcertent les croyants et les théologiens les noyant dans des théories confuses.

Si quelque chose sort du corps au décès, quelque chose qui était visible, observable pendant la vie, c'est que ce quelque chose existe conclut-on. Mais cette âme, quand est-elle entrée dans l'individu ? où était-elle avant ?

Les Hindous et toutes les religions qui en dérivent en Asie ont résolu le problème en faisant une autre confusion, nous verrons ça plus avant, et ils ont conclu qu'il y a réincarnation.

Nous citons ce que décrivent les divers visionnaires parce que ça correspond à ce que le Modèle B conçoit logiquement.

Une grande partie de l'Âme, comme toute image, s'éloigne de la source maintenant éteinte. Mais elle est répétée par le corps de l'individu, par les pensées des gens qui l'ont connu, par ses œuvres, par le mobilier de sa maison et toute autre chose matérielle associée durant sa vie à sa personne. Et même par son chien…

De sorte que l'Âme peut être perçue localement pendant longtemps.

Nous n'allons pas entrer dans la description de ce qui passe ensuite.

Bref, dans l'Autre Monde se trouvent les Esprits, et les Âmes.

En termes moins effrayants pour les Athées, Mu est agité par des ondes créées par les Esprits humains durant leur vie, et les images qui en subsistent après la mort.

Maintenant ça y est, tout est dit !

Le savant est satisfait !

45. Evolution notion de patron

Nous pouvons maintenant en revenir au commencement.

La Bonne Baffe - écrivons Bon'baf, c'est plus court - a provoqué une onde dans Mu avant même que la matière ait commencé à se constituer. Nous avons conclu que l'**AUTRE** n'était pas entré dans l'Oom, qu'il ne l'avait pas traversé et qu'il ne s'y trouvait pas.

Cette onde, nécessairement, a une forme, une forme peut-être tout à fait vague, ou au contraire une forme très fortement délimitée. Pas possible de le savoir.

Par ailleurs, nous avons vu que toute l'évolution, dans ses trois phases, nécessitait l'intervention du Patron. Cette intervention peut être passive, et notre première opinion c'est justement qu'elle est passive.

Il ne nous semble pas indispensable de croire qu'il y a un Patron qui passerait son temps à intervenir dans nos affaires et encore moins à changer ses plans en réponse à nos espoirs, nos prières et nos supplications. En fait, telle croyance est tout à fait hérétique.

Patron extérieur à Oom représenté par Onde 1, Alpha.

Nous avons donc d'une part un Patron qui, parmi les évènements créés choisit ceux qui lui conviennent, ou plus simplement ceux qui lui ressemblent, et d'autre part une onde permanente répétant pour toujours la forme de l'**AUTRE**.

Par mesure d'économie, nous préférons croire qu'il n'y a qu'une seule et même intervention, que l'onde représentant l'**AUTRE** est ce qui agit sur l'évolution, ce qui dirige les choix. Il n'y aurait rien de plus que résonnance entre cette Onde Majeure – Alpha – et les évènements qui lui ressemblent.

Mea culpa, mea culpa, mea máxima culpa

Par athéisme ou agnosticisme ou scientisme, nous avons embrassé, choisi l'idée que la création s'est faite par une succession de faits accidentels, par hasard, faits sélectionnés ensuite par résonnance.

Nous sommes arrivés à l'idée qu'une onde propage le Patron qui est une forme partielle de l'**AUTRE** mais nous avons soigneusement dévié une conclusion pourtant inévitable.

Comme Alpha passe dans Oom dès avant même le début des créations proprement dites, et comme Alpha porte le Patron, une forme définie, on comprend que le Ga est informé, déformé par cette forme, ce Patron, ce qui a certainement un effet sur la formation ou non, en un lieu quelconque d'une forme correcte.

Autrement dit, il est probable qu'une partie de la création ait lieu par hasard, mais il est logique de penser qu'une partie est faite par influence directe du Patron sur Ga, facilitant ou même forçant à la formation directe de ce qu'il faut pour le 'projet'.

Evidemment on peut croire que c'est la totalité qui est faite par obéissance au Patron. Ce n'est pas notre avis, mais c'est celui d'un grand nombre de religions.

Quoi qu'il en soit, cette nouvelle interprétation des faits nous permet de résoudre un problème majeur que nous avions soigneusement laissé de côté.

Comment sont apparus les premiers photons ? on s'en souvient, création en partie par effet du Patron sur le RET.

Les quantums ont été créés et comme ils n'avaient aucun obstacle devant eux, ils se sont manifestés en photons.

En même temps les manques sont apparus, les objets ont été créés, à commencer sans doute par les précurseurs des protons. Les objets sont devenus des obstacles sur la route des photons et des quantums ont pris leur deuxième forme, leur autre avatar, le quantum-énergie, le presson.

Ces pressons sont la cause directe de tous les déplacements des objets, chaque objet déplacé de la région de plus haute concentration de quantums-énergie vers la zone de concentration moindre : ne perdons pas trop de temps dans la physique élémentaire.

Il en faut peut-être un peu tout de même.

Physique

Le photon qui entre en contact avec l'électron qui gravite se transforme en presson.

Un objet immobile serait entouré uniformément de pressons. Si des photons entrent en contact avec lui, ils se transforment en pressons ; il y a une zone plus riche en pressons. L'objet se met en mouvement vers la région la plus pauvre en pressons.

Toute addition de quantum sous l'une ou l'autre de ses formes devient addition de pressons et résulte en accélération de l'objet entier vers la zone la moins riche.

Lorsque deux objets sont en présence, l'influence gravitationnelle de chacun d'eux s'ajoute à l'influence de l'autre, de sorte qu'il y a moins de pressons entre eux, plus de pression relativement négative, et donc rapprochement.

Fin du cours

Que l'influence soit partielle ou totale, on en arrive

nécessairement à la conclusion que le Patron est créateur et par suite, que son origine, l'**AUTRE est Créateur**.

Nous disons Mea Culpa parce que nous n'avons pas été tout à fait honnête, nous avons refusé autant que possible d'admettre que l'influence directe du Patron sur la création est certaine. Le fait que le Patron se diffuse dans l'Oom tout entier avant que commence la formation de photons dit nettement que Ga est marqué par le Patron avant même le début des choses.

Que l'influence se soit poursuivie jusque dans les plus petits détails : possible, mais moins certain.

Conclusion abominablement théiste.

Oublions-la pour le moment.

Visionnaires, prophètes

La plupart des religions sources, les religions majeures, reconnaissent la présence d'un facteur, d'un intervenant essentiel qui se trouve dans l'Autre Monde et pénètre en toutes choses imposant la volonté du Créateur – toujours un mâle - .

Nous avons fait les remarques nécessaires.

Tiens ! il faudra que nous fassions quelques commentaires de plus à ce sujet. Autant le faire tout de suite:

- -toujours unique, impair le Créateur. L'hindouisme le représente par le lingam.

Pas de confusion possible, le lingam c'est le pénis, le Vit.

L'intervenant est toujours féminin. C'est *Chékhina* des Hébreux, c'est le Saint-Esprit, et quand il est personnalisé, c'est aussi la Vierge Marie dans ses représentations de toute-puissante, assise, vêtue d'or, Mère présentant Jésus, Regina Angelorum.

C'est l'onde qu'implorent les Evangélistes et les Charismatiques, catholiques et autres.

Comme l'intervenant, Alpha, est une onde, elle présente des montées et des descentes, elle est donc paire.

Et ce d'autant plus paire qu'Alpha est à la fois courant d'énergie et message.

Tombons un peu dans l'ésotérisme : le message est unique, impair, UN. Le lieu où il s'exprime est malléable et élastique : dès que UN touche quelque chose, dès qu'il s'exprime, apparaissent deux faces : le message exprimé est DEUX.

Nous répétons et soulignons ces détails pour montrer que les clairvoyants du passé, les Richis des Indes et autres, ont décrit un univers fort semblable à celui que les données de la Science permettent à la B-cadémie de concevoir et de décrire en termes modernes.

L'étude a commencé sans but précis, les développements se sont suivis logiquement : ce sont les données de la Science qui nous ont amenés à ce point.

46. Patron : harmoniques

Les choses ne s'arrêtent pas tout à fait là.

Cette Onde 1 - Alpha - donne naissance à des harmoniques : les premières sont celles de l'accord majeur, fréquences plus courtes. Do Mi Sol

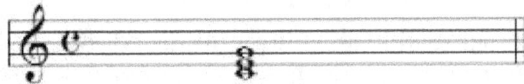

Les visionnaires du début, ceux que nous venons de mentionner, les ont décrites, le plus souvent, comme des entités puissantes – ne pas oublier qu'elles agitent l'univers tout entier – et, anthropomorphisées ce sont les principaux archanges des deux religions abrahamiques et de l'Islam: Raphaël, Gabriel et Michel.

Notre modèle montre que ces harmoniques se sont formés avant la formation de matière ; avant l'apparition de la vie sur terre parce que les ondes circulent plus vite en Mu que dans le RET; et c'est justement ce que disent les religions antiques... c'est intéressant.

Mais en termes plus généraux les ondes dérivées sont les Dieux des religions du début. Ces religions antiques firent place à d'autres qui, copiant le monde social, imaginent que l'un des dieux est plus puissant que les autres comme le Roi domine les Seigneurs et l'Empereur domine les Rois.

Les Anciens ont décrit la différence entre ces 'forces' et les forces de la Nature.

Les religions en viennent donc à proclamer qu'il y a un Dieu au-dessus des autres et ces autres finissent à être réduits au statut d'Anges. C'est ce processus qui, chez les Chrétiens, a élevé le Dieu tribal d'Abraham – « '' » pour les intimes – au statut de Dieu unique et tout-puissant.

Ces trois entités des 'religions du Livre' ne sont pas les trois Dieux du Brahmanisme, ce sont les archanges Michel, celui qui combat, Gabriel le messager, le marchand, l'avocat et Raphaël qui guérit, le scientifique qui cherche et qui invente.

Les trois Dieux hindous sont les trois Gounas : Brahma qui est Tama la substance dans laquelle Brahman se manifeste par les Védas, Vichnou ou Crichna qui est radja, l'agitation de l'univers, la vie et Çiva qui est Satva, la forme même de Brahman qui est manifestée de plus en plus à mesure que les évènements se suivent.

Les divisions, les manifestations ne se limitent pas à ces trois archanges. Les divisions se poursuivent en ondes de plus en plus ténues, de plus en plus nombreuses.

Pour l'hindouisme ce sont les pourouchas : il y en a de toutes les sortes, de toutes les tailles.

Pour les religions abrahamiques ce sont les diverses classes d'anges, des plus puissants au plus ténus.

C'est, à la limite, la notion d'ange gardien pour le christianisme et c'est la base de l'idée de réincarnation pour les religions dérivées de l'hindouisme.

Comme ce sont des ondes et comme les Âmes sont également des ondes, on peut concevoir qu'il peut y avoir union, assimilation, concordance entre une Âme et un pouroucha, une Âme et un ange.

La différence n'est rien de plus qu'une différence d'interprétation. Il y a bien des concordances entre des anges et des Âmes, et il est possible sans aucun doute que plusieurs Âmes soient en coïncidence avec un même ange ou pouroucha.

Ça ne signifie pas qu'il y ait réincarnation.

Les Védas ne parlent pas de réincarnation. Ils affirment qu'après le décès l'individu passe dans un autre corps : cet autre corps c'est l'Âme.

Rien ne dit dans les Védas que cette Âme ensuite revient dans le monde matériel ; le modèle que nous proposons montre que ce n'est pas possible : les messages en Mu ne causent pas la formation d'objets matériels sauf parfois la création, l'imagination, le rêve d'une image dans l'Esprit de quelque voyant. Il n'y a pas plus création d'un être matériel qu'il y en a dans la formation d'une image dans le téléviseur.

On peut toutefois penser que les statues et autres représentations qui sont, au départ, des songes de l'artiste, des visions suite à des invocations ou à l'usage d'hallucinogènes, rapprochent l'Esprit de l'observateur – rapproche l'Esprit du fidèle dans le cas des religions qui utilisent des statues et icones -- de l'entité qui a inspiré cet artiste.

On se sert bien de ☺ :) pour faire sourire les gens !

Nous en arrivons à conclure que l'au-delà est vraiment fort peuplé :

> d'une part les ondes générées en Mu et représentant de près ou de loin l'Autre, le Patron, le Directeur, tous les anges ; et tous les démons,

d'autre part les ondes représentant tout ce qui est matériel, ou a été matériel, tout ce qui a été formé : les objets, les idées, les Esprits et les Âmes.

Pourquoi mentionner des démons ? parce que Alpha est une onde, des monts et des vaux, c'est-à-dire qu'elle présente à la fois l'Autre et son image, son contraire.

Nous avons déjà vu l'influence de cette double présentation dans la génération des photons et des manques.

Nous en avons parlé dans 'Ode à Odilia'. La Bible parle d'un autre archange, Lucifer. Ne pas oublier Satan.

Alpha, nous l'avons dit est Yin, c'est-à-dire qu'elle présente deux faces. C'est pour cette raison que les religions abrahamiques originelles insistent : il faut adorer un Dieu Eternel, hors de l'Univers, un dieu mâle, Yang.

Peut-il être représenté par des femmes ?

Enseigné Oui, représenté Non.

Nous verrons si la pression sociale s'imposera. Le chaos peut bloquer, cacher bien des choses. A la longue il est vaincu, mais en attendant…

L'univers décrit par la Science Académique ne peut pas expliquer les Âmes ou la télépathie ; elle ne peut pas expliquer l'électricité mais elle sait comment s'en servir. Les Âmes par contre, qu'en faire ? et faute d'un modèle, on y croit ou on n'y croit pas.

Pour l'univers décrit par le modèle B, télépathie, Âmes et anges sont certains !

Si ce modèle est juste dans les grandes lignes, l'autre monde existe et il est plein d'entités.

47. Univers non cyclique

Cette réflexion est une excellente cheville pour nous arrêter quelques instants sur des sujets rejetés en bloc par l'esprit raisonnable de l'homme moderne :

Il y aurait des entités, des anges, des pourouchas dans l'Au-delà, mais à quoi ça nous avance, à quoi pourraient-ils bien nous servir ?

Nous ne ferons pas ici une étude plus approfondie des pratiques religieuses ou de l'importance de l'homme, de son destin , du but de son existence. Nous le ferons peut-être dans un autre petit texte. Nous en avons parlé un peu dans ' ¿Que diantre estamos haciendo en esta galera?'.

Admettant le modèle B, l'Âme existe. Est-elle éternelle ?

Les ondes qui nous parviennent des soleils lointains ont perdu en route une grande partie de l'information. Il en est de même pour les Âmes. Mais elles résonnent avec leurs pourouchas individuels, leurs anges gardiens, de sorte qu'elles sont véritablement éternelles ; probablement imperceptibles pour la plupart à cause de leur peu d'intensité.

L'Esprit de chacun de nous est composé de diverses couches : au départ tous avons sensiblement la même quantité d'énergie vitale, mais nous ne nous en servons pas tous de la même façon. Cette énergie se distribue dans divers plans de conscience peut-on dire, distribution automatique altérée un peu par les conditions entourant l'individu durant sa vie, et dépendant aussi bien entendu de ses gènes et de son développement pendant la grossesse.

Nous ne nous lancerons pas dans les détails. Nous venons de mentionner des plans de conscience, thème favori des rêveurs de Sciences Occultes.

En fait c'est assez simple et concret. Les diverses étapes de l'évolution, nous les avons décrites ; elles sont maintenues, représentées dans notre système nerveux et en particulier dans le cerveau avec chacune de ses fixations d'origine. Par exemple, le premier plan, la première image d'individu que nous ayons correspond à la cellule initiale. « je veux vivre, et surtout je veux manger ! ». ça, nous l'avons tous, désir d'air, désir de nourriture. Puis le plan du « tissu » avec son principe de fraternité et en même temps celui de peur et d'agressivité : toujours passablement présents, dirigeant un grand pourcentage de nos activités et émotions.

Ensuite sans aucun doute, l'hydre, le sac avec ses impulsions sexuelles et la notion du destin fatal. Ça aussi ça nous motive, non ? Il y a ensuite le tube, respiration, digestion, fonctions généralement silencieuses elles aussi, mais qui peuvent nous agiter quand nous les maltraitons.

Viennent ensuite les traces de l'insecte et finalement le cerveau tri-un. Ainsi, notre Esprit est composé d'au moins six images parallèles.

Ces 'couches' ont été distinguées dans le monde entier par les traditions occultes et celles de développement spirituel : la Théosophie les appelle Corps : corps Astral etc … et les Hindous les appellent Cochas – mana cocha, etc …

Les couches ont l'importance que nous accordons aux divers composants de notre personne. La plupart des couches n'ont aucun support spirituel. Ces couches ne sont pas supportées localement ni universellement, elles ont donc une durée très faible. Seules restent les couches proches du Patron.

L'Âme qui fait suite à un Esprit léger, occupé à des disputes sans importance, se réduit rapidement. Le noyau qui reste est bien éternel ; il est en harmonie avec quelque ange, mais il n'intervient pas dans la sphère humaine.

Pour que l'Âme du début parvienne à son état pur, son noyau, il faut du temps. Il faut que se dissipent toutes les fixations qui ont encombré l'Esprit de l'individu. Cette purification prend du temps. Les Hindous en parlent, les Juifs disent qu'il faut un an. Les Chrétiens sont en train d'oublier toutes ces instructions. Le catholicisme les réduit à presque rien : nous disons que c'est un cato-laïte que nous avons maintenant. Et on s'étonne que les gens s'en éloignent…

Cependant il y a certaines Âmes qui sont plus puissantes que les autres parce que leur origine, l'esprit d'un individu, était en harmonie avec un ange puissant, autrement dit un individu ayant respecté et manifesté le Patron durant son existence, pas forcément toute sa vie, mais au moins un moment.

Ce n'est pas forcément suite à une décision de l'individu. La 'Grâce' touche l'individu indépendamment de ses efforts, c'est plus une condamnation qu'une bénédiction.

Les Saints n'ont pas toujours eu une vie de saint. Mais ils ont eu une révélation, parfois fort tard dans leur vie.

Ces individus sont honorés et dans de nombreuses traditions on garde leurs tombes, ou leurs noms ou leurs images. Le public va en pèlerinage pour se rapprocher de ce reste matériel parce qu'il sent qu'il s'approche ainsi d'un aspect de la perfection. On croit et on espère que les 'bonnes vibrations' de cette Âme, de ce saint aideront notre Esprit à s'aligner, à se purifier…

Certains le perçoivent vraiment, consciemment. La majorité non ! mais il leur suffirait de s'entrainer à la méditation ou à la contemplation pour profiter pleinement de cet apport d'ordre interne et de santé.

Bien entendu, le plus souvent on les visite pour des raisons matérielles : santé ou richesse ; mais la seule aide que des Âmes plus parfaites peuvent apporter est le support de la perfection dans l'Esprit de celui qui prie, et ceci, secondairement peut améliorer la santé et les conditions matérielles.

Autrement dit, on peut espérer qu'une Âme disons 'sainte', pour utiliser un terme accepté, nous aide à obtenir quelque chose qui correspond à ce qui a été le centre de la vie du Saint qu'on prie. Il est improbable qu'elle nous aide à gagner le gros lot, même si nous le destinons aux bonnes œuvres.

L'Âme du Saint est en fait indiscernable de l'un des Anges ou de l'un des Pourouchas puissant.

Le cas le plus reconnu, et ma description ne correspond pas tout à fait aux enseignements courants, le cas le plus reconnu et le plus connu est celui de Jésus qui était un homme, et donc un Esprit, quelque chose de matériel, de concret. Son Esprit copiait de près l'un des aspects du Patron.

Après son décès, dès que son Âme se fut libéré des couches superficielles – il faut quelques jours à l'Âme pour oublier les questions de base : qu'est-ce qu'on mange, où sont mes clefs ? nous venons de dire que les religions sérieuses le reconnaissent qui font une cérémonie spéciale quelques jours après le décès, quand l'Âme a compris où elle en était – dès que son Âme se fut lavée du quotidien, (au troisième jour) elle s'est éloignée du corps – du tombeau.

Poursuivant son nettoyage elle est entrée en rapport étroit avec l'Ange qu'elle avait manifesté dans ses paroles, actions et pensées. Elle s'est unie par résonnance à un aspect important en Alpha, elle est devenue un aspect du Patron, l'aspect Gabriel.

Lorsque le lien a été parfaitement clair – il faut quelques semaines de plus pour en arriver là, tous les ésotérismes vous le diront – elle s'est manifestée à ses amis, les apôtres et à sa mère, par l'Ascension puis, après une Neuvaine par les Apôtres, lors de la Pentecôte – cinquante jours ! en fait sept fois sept ; (septième Dimanche après Pâques)

Ces intervalles sont reconnus par de nombreuses grandes traditions religieuses et occultes.

A ce point, son âme avait été totalement assimilée à l'un des aspects principaux du Patron, l'Archange Gabriel. On peut dire qu'alors Jésus était Dieu.

Nous ne comptions pas faire de ce texte une apologie des religions, mais on ne fait toujours ce qu'on veut.

Revenons au concret pour terminer :

La Science n'a pas encore résolu la question de savoir si l'univers est un phénomène unique ou au contraire un phénomène cyclique.

Pour notre modèle la question ne se pose pas.

Au début, de l'énergie dynamique se manifeste premièrement en photons. L'univers maintenant est tout à fait chaotique.

D'une étape à l'autre on voit augmenter le nombre de formes et de variétés d'évènements.

Formes et évènements sont manifestés dans l'univers par des photons et des objets. Nous avons donc progressivement un nombre croissant de messages ; or les messages sont des aspects de l'énergie de sorte que, lorsque la matière et/ou l'agitation aura disparu totalement, il restera encore et pour toujours, dans l'Oom, le souvenir de tout ce qui a eu lieu, le souvenir de toutes les formes que le Patron a voulu, sa forme.

L'énergie au début était chaotique, à la fin elle sera parfaitement organisée.

Le Patron sera manifesté. Il le sera sous une forme dynamique, des faisceaux de photons répétant tous ses aspects, peut-être à perpétuité ou sous forme solide en un énorme 'trou' Noir. On pourrait dire que cette nouvelle onde ou nouvelle forme qui copiera de fort près l'onde Alpha sera le final, l'Omega par conséquent.

Pouvais-je me priver de dire ça ?

Aller d'Alpha à Omega, est-ce le but de la Création ? le Patron l'a-t-il fait exprès ?

La vie consiste à prendre les matériaux pour en faire de plus en plus de matérialisations de notre personne.

Toute cette histoire de création et d'évolution du contenu d'Oom indique une forme de vie.

Huummm

Dans ' ¿que diablos.. ?' nous nous sommes posé cette même question et nous sommes allés un rien plus loin : pourquoi ne pas répéter ?

Comme tout ce qui a été créé est représentation totale ou partielle du Patron, la pensée, la faculté de créer, faculté qui apparait dans la troisième phase, la faculté de penser et ainsi créer vient-elle aussi directement de ce même Patron.

Et pour faire un écho à cet autre Français, Descartes, comme nous l'avons déjà fait

Je pense, donc Il est.

Le fait que je pense est la preuve que le Patron est un être vivant qui crée et qui pense.

Cogito ergo est.

Si la matière a acquis la faculté de créer, c'est que cette faculté est du patron : le patron serait donc un créateur, par intervention directe et par intervention indirecte. Directe avec Alpha traçant son image dans le Mu, en précurseur de créations, indirecte par sélection par résonnance.

Par un autre chemin nous sommes arrivés à cette conclusion il y a quelques pages.

Si la matière a acquis la faculté de penser c'est que cette faculté se trouve dans le Patron et donc que le Patron pense.

La création, l'a-t-il voulu ? l'a-t-il fait exprès ?

Ce que nous disons sur l'origine de la pensée, son origine extra-création, son origine dans le Patron vaut aussi pour la faculté de créer. Donc, si nous créons ce serait parce que le Patron crée ?

Mais le Patron n'est qu'une image en Ga de l'**AUTRE**, de celui qui a introduit l'énergie dans l'Oom, qui a secoué, qui a réveillé le Ga :

> l'origine de la pensée, l'origine de la capacité et de la volonté de créer serait dans l'**AUTRE** ?

A-t-il voulu se faire un enfant ?

Et à un niveau plus modeste : la vie individuelle servirait à quelque chose ? l'homme serait-il là pour participer à la représentation du patron, elle-même avatar de l'**AUTRE** ? activement ou passivement…

Et pour calmer un peu la rage existentielle de l'athée: au lieu de voir dans cette histoire du monde la création abominable et cruelle d'êtres pensants condamnés à mourir, on peut y voir la création d'entités éternelles, ses enfants.

Creo ergo cret

Je crée donc il crée…

Est-il conscient ? et tant d'autres questions….

L'existence de A, l'avons-nous prouvée ?

NON

Pour le modèle B, son existence est seulement plus probable que son absence.

48. Kein Stein

Les spéculations de ces derniers chapitres nous ont éloigné de la physique, du concret.

Elles nous portent à penser qu'il se pourrait que les philosophies et religions de l'Asie aient raison et que rien n'existe, que tout ne soit que rêve.

Kein Stein est une expression allemande qui signifie 'aucune pierre', et nous l'utilisons pour indiquer qu'il n'y a rien de concret dans notre univers 0om. Nous aurions pu choisir un terme latin comme scrupus nullus ; mais pour quelque raison inconsciente c'est le mot Stein qui s'est imposé.

Mais les phénomènes ont bien une réalité, ils sont la représentation de ce qui altère la circulation de l'énergie. Derrière ces représentations – aucun rapport avec le mythe de la Caverne – , supportant ces représentations, se trouve le réel.

Ce réel nous l'appelons le Vrai. Nous utilisons de mot en opposition à l'illusoire, le perçu, le faux.

Qu'y a-t-il de Vrai ?

L'Espace Absolu est Vrai, et le sont aussi Oom et l'Autre.

Sont vrais eux aussi le Temps et l'Energie.

A l'intérieur de l'Oom sont Vrais Ga et ses composants, tous : Mu, RET et les granules. Et dans les granules sont Vrais les parois et leur contenu élastique et compressible jusqu'à un certain point. Les propriétés de ces éléments sont Vraies.

Sont Vraies également les Lois de la Physique et celles de la Biologie et le sont aussi, sans doute, les Lois de la Créativité.

Comme il y a évolution ils nous faut accepter qu'il y ait des Lois qui la dirigent, des Lois Vraies, permanentes elles aussi. Nous les avons appelé Eros et Patron, images peut-être de l'Autre.

Nous ne pouvons pas oublier non plus l'influence de Thanatos, la force d'immobilisation.

A la fin de l'évolution, probablement, Oom sera occupé par un Noyau Noir :

Ce Noyau Noir, alors, sera la représentation permanente, passablement concrète du Patron.

L'opinion Hindoue la plus commune affirme que tout est cyclique.

Le cycle est appelé Kalpa. L'une des visions affirme qu'au début de chaque Kalpa un 'Homme', un 'Pouroucha', un modèle pourrait-on dire pénètre dans l'un des univers. C'est à partir de ce modèle que se forment toutes les créatures. A la fin du cycle, il ne reste plus qu'un seul 'Homme', Pouroucha, et le cycle est prêt à reprendre.

Ça ressemble assez bien à notre description.

Au début, Rien, Oom est vide.

Avec BB le Patron est introduit

La création a lieu, de nombreuses formes apparaissent, mais à la fin tout se fige en un Noyau Noir unique qui représente le Patron, le Pouroucha du début.

Et tout serait prêt à reprendre, un autre Kalpa à venir.

Docteur Bruno P. H. Leclercq

Tant d'extensions pourraient suivre ce texte. Certaines sont prêtes dans l'esprit de l'auteur : elles attendront.

49. Post Scriptum

Avant l'ère du traitement de texte par ordinateur, une fois que la missive était écrite, si l'auteur se rendait compte qu'il fallait y ajouter quelque chose, une nouvelle, une pensée de dernière minute, à moins de couper-coller avec de la glue et des ciseaux, on ouvrait un nouveau paragraphe nommé Post Scriptum: P.S.

Ici, après avoir terminé le texte, nous avons décidé qu'il convenait de mentionner certains des doutes qui font surface ici et là. Notre description n'est rien qu'un rêve, évitons qu'il soit vu comme un dogme.

Il reste dans le modèle B un problème majeur : comment le quantum passe-t-il d'un granule au suivant ?

Nous avons questionné les postulats de base de la Science et comme de notre côté nous n'avons aucune autorité à respecter, pourquoi ne pas soumettre nos propres postulats à la même inquisition ?

Les deux postulats majeurs de notre système sont que l'Univers est contenu dans un récipient limité, inchangeable, Oom , et le postulat que rien ne se déplace.

L'idée du volume fixe résout une grande partie des mystères que la Science néglige : origine, formation des photons, existence et formation d'une force de succion, les manques qui sont la cause de la gravitation, l'influence de la désintégration universelle, la matière noire...

Il nous semble que sur ces points nous faisons mieux, nous allons donc conserver le postulat de l'univers sans expansion.

Mais l'autre, le postulat de l'existence et de l'immobilité des granules introduit la question, le mystère du déplacement des quantums.

Docteur Bruno P. H. Leclercq

Les notions de granules et celle d'un univers enclos offrent une explication aux phénomènes décrits par Einstein ; ce n'est pas négligeable.

Ne pouvons-nous pas supporter l'existence de granules – une explication au mystère du photon-particule – mais admettre qu'ils se déplacent dans l'espace ?

Comme l'espace, comme Oom est plein de Mu, une sorte de liquide, quelque chose d'incompressible les changements de pression interne des granules se communiqueraient des uns aux autres, comme ils le font dans notre description.

Ainsi, avec des granules mobiles la scène ne serait pas vraiment changée et le mystère de la transmission du quantum d'un granule au suivant disparaitrait.

Nous aurions alors formation de particules solides, comme le décrivent la Science et l'expérience commune. Il y aurait vraiment des objets concrets.

Nous nous rendons compte que cette solution entraine d'autres problèmes comme par exemple le déplacement linéaire du quantum photon.

Nous sommes enchantés de laisser un vaste terrain d'investigation après avoir montré qu'il se peut qu'existe un univers semblable au nôtre en tous points, et d'avoir trouvé que cet univers répondrait aux rêves des mythologies, religions et quêtes de nombreux cerveaux humains.

L'AUTEUR

Médecin, M.B.A., psychologue

Beaucoup de Yoga ancien, beaucoup d'Aïkido, un doigt d'acupuncture, beaucoup de méditation, aucune médication, demi-siècle d'expériences ; quelque recherche académique publiée, livres sur la méditation, sur l'univers, tous textes préparant le terrain où va croître le modèle B.

Pratiquement pas de vie sociale en dehors des groupes de sport

Autrement dit l'exemple type de l'altéré autodidacte.

NERYS TYPE: ENTR-A

www.ingramcontent.com/pod-product-compliance
Lightning Source LLC
Chambersburg PA
CBHW071417180526
45170CB00001B/133